強い！ブランドの育て方

商標を制するものは
食品業界を制す

名倉洋輔 著

恒星社厚生閣

はじめに

経営者や企業内で製品開発に携わる方々は、会社やお店の名前、商品のネーミングなどブランドの名前について悩むことが多いのではないでしょうか。例えば、事業化するまでは、「どんな名前にしたら、お客さんに親しみをもってもらえるだろうか?」とか、「どんな名前にしたら、他社の商品やサービスと差別化できるだろうか?」などと思いをめぐらせることでしょう。そして、事業化した後は、その商品やサービスのすばらしさをどのようにお客様に知ってもらい、それを広めていくか、マーケティングの側面から様々な販売促進活動や広告宣伝活動を展開すると思います。

ところが、苦労して考えて、積極的な販売促進活動や広告宣伝活動などによってお客様に認知されるようになったブランドの名前（法律的には商標といいます）が、実は他人の商標権を侵害していたなどということもあるかもしれません。そうすると最悪の場合は、せっかく作った商品の販売を中止しなければならないということにもなりかねません。

こんな最悪の事態を避けるためには、商標法のことを知っておく必要があります。つまり、ブランドを育てていくには、マーケティングの知識だけでなく、法律の知識も重要になってくるのです。

しかし、法律の用語は難しく、素人がいきなり読んでもなかなか理解できるものではありません。そうとはいえ、商標法の専門家である弁理士を探して相談するとしても敷居が高いと気おくれしたり、弁理士の説明していることがよくわからないといったことも耳にします。

そこで、本書を通じて商標法のことをわかりやすく伝授したいと思います。私は加工食品のメーカーに十五年以上勤務し、企業の中で弁理士として商標を管理してきました。その経験をもとに本書では、食品に関連する商標の話題を中心に取り上げたいと思います。ここでいう食品とは、農林水産物、加工食品を指します。そのため本書は、農林水産業、加工食品製造業、農林水産物や加工食品を取り扱う小売業や卸売業、さらには飲食業といった食品関連産業に携わる方やこれから食品関連産業で働こうと考えている方に向けた話題が中心になります。

ところで、食品は、使用できる原材料が限られていて、食品ごとに味に関する概念ができあがっているという商品の特性があります。つまり、商品の中身だけで他社商品と差別化するのが難しい、という実情があります。このことについて、レトルトのカレーを例に挙げて考えてみます。

世の中には、いろいろな種類のレトルトカレーがあります。その具材は、肉、じゃがいも、たまねぎ、にんじんを使ったものが多いでしょう。そして、味は当然ですが、いわゆるカレーです。差別化を図ろうとして、イチゴ味のカレーのように斬新すぎる味付けをしても、消費者にはなかなか受け入れられないかと思います（消費者は、食に関しては保守的な傾向が強いのです）。つまり、使うことができる原料やできあがった商品の味には、制限があるのです。

この制限の中で、各メーカーは、他社との差別化を図り厳しい競争を勝ち抜かなければなりません。あるメーカーは、高級な牛肉を使用して他社との差別化を図るかもしれません。また、別のメーカーは、カレーに含まれ二日酔いに効果があるといわれているウコンの量を増やすことにより、二日酔いに対する効果を商品にもたせ、他社との差別化を図るかもしれません。ところが、このようなメーカーのこだわりを伝えようとしても、消費者にうまく伝わらず、結果として他社との差別化ができないということが、メーカーにとっての悩みどころではないでしょうか。

そこで、他社との差別化に利用されるのが、ブランドすなわち商標です。詳細は後で述べますが、商標には、

(i) 自他商品等識別機能
(ii) 出所表示機能
(iii) 品質保証機能
(iv) 広告宣伝機能

という四つの機能があるといわれています。

先ほどのレトルトカレーのように、中身で差別化しにくい商品であっても、特徴的な商標を付けて、商標がもっている四つの機能をうまく発揮させることで、他社との差別化を図ることが

できます。商標は上手に使えば、ビジネスで大いに役立ちます。つまり、「商標を制するものは、ビジネスを制する」のです。

しかし、商標の難しいところは、使い方によって上述の機能を発揮できたり、そうでなかったりすることにあります。そして、これらの機能が発揮するか否かは、商標の使い方によって、長い時間を経て変わっていきます。ある商標について、使い始めにはこれらの機能が発揮されていなかったにもかかわらず、適切に商標を使い続けることで、数年後にはその商標がこれらの機能を発揮するようになったということもあります。こういった面から考えると、商標は生きているといえます。つまり、商標を取り扱う場合、生きものを取り扱うように、手間と時間とをかけて大事に育てていく必要があります。

本書では、商標法の観点からどのようなことに注意をしながらブランド（商標）を育てていくべきなのか、という考え方を説明していきます。

ブランド（商標）の育て方には、ひとつの決まったフローがあるので、その手順に沿って説明を進めていきます。このフローは、商標法の専門書に書かれているものではありません。いわばブランド（商標）を育てたいと考えている方の実務のためのフローといったものです。したがって、本書ではブランド（商標）を育てる実務の中で特に必要な情報のみをピックアップして、説明していきます。本書を読んで、もっと体系的に商標法を勉強したいと思った方は、次のステップで商標法の専門書を読んでみるのもよいかもしれません。

また、フローに沿って説明をしているので、実際に実務を行う中で必要な部分だけを読んでいただいたり、難しいと感じる部分は飛ばして読んでいただける構成としました。

さらに、本書を読むことでマーケティングの視点とは異なる観点から、ブランド戦略の立案や商品の付加価値向上に必要な知識を身に付けられるよう配慮しています。

本書は、すべての食品関連産業において商標法に関する法律の知識が必要な経営者、製品開発担当者、知的財産担当者や法務担当者をはじめとした方々にとっての実践的な入門書として、ご活用いただきたいと願っています。

目次

第一章　商標とは何か？

第一章では商標とは何か、どのような性質のものなのか、といった基礎的な部分について説明します。なお、本書では現実にビジネスの中で使用されている標識を「ブランド」と呼び、そのブランドを法律的な側面から見たものを「商標」と呼びます。

一．知的財産とは何か？

（一）食品産業における知的財産の重要性

商標権が知的財産権のひとつだということは、皆さんもご存じかと思います。それでは、知的財産とは何かを考えてみます。言葉の意味からすれば、「知的とは、知識に関するさま」、「財産とは、金銭的価値のあるものの総体」なので、「知的財産とは、知識に関する成果の中で、金銭的価値があるもの」

といえるかもしれません。

ちなみに、知的財産基本法第二条第一項には、知的財産の定義が書かれています。それによると、「知的財産」とは、「発明、考案、植物の新品種、意匠、著作物その他の人間の創造的活動により生み出されるもの（発見または解明がされた自然の法則または現象であって、産業上の利用可能性があるものを含む。）、商標、商号その他事業活動に用いられる商品または役務を表示するもの及び営業秘密その他の事業活動に有用な技術上または営業上の情報をいう」とあります。つまり、発明や商標などに限らず、事業活動に有用な技術上または営業上の情報も知的財産なのです。

「知的財産」の例としては、著作物に当たる小説や音楽等を想像するとイメージがしやすいでしょう。小説家や作曲家は、彼らの頭にある知識（アイデア）を小説や音楽という成果物として、アウトプットします。この成果物である本や音楽は、販売されることで金銭的な価値が発生します。つまり、この小説や音楽は知的財産ということになります。

次に、この知的財産の特徴を考えてみます。小説や音楽は、販売されるときには、本やＣＤなどの形があるものとして、お店に陳列されています（今はダウンロードする場合もありますが……）。しかし、本来、小説や音楽は、小説家や作曲家の頭の中で考えられたアイデアの成果物なので、目に見える形はありません。一方で、例えば、宝石や高級車などの知的財産以外の財産は、当然ですが目に見える形があります。このことが、知的財産の最大の特徴といえます。

もしもあなたの宝石や高級車が他人に盗まれてしまった場合は、自分の手元から宝石や高級車がなくなってしまうので、盗まれたことはすぐに気付きます。しかし、知的財産は目に見える形がないので、他人に盗まれても、あなたの手元から何かがなくなってしまうわけではありません。いいかえると、小説や音楽が盗まれたとしても、小説家や作曲家の頭の中から小説や音楽のアイデアそのものが消えてなくなることはありません。一方で知的財産を盗んだ人の認識は、相手から何かを奪ったのではなく、ちょっとマネをしただけというものになりがちです。つまり、宝石や高級車を盗んだ場合よりも、知的財産を盗んだ場合の方が、盗んだ人の罪悪感が低くなるきらいがあります。

しかし、苦労して小説や音楽を創作した小説家や作曲家の立場からすれば、せっかく自分が頑張って創作したのに、他人が自由にマネして使えてしまうのは理不尽な話です。さらに、他人がマネすることによって、本来

表 1-1　知的財産の保護にかかわる法律

	規定する権利	権利発生のための登録	所管省庁	保護期間
種苗法	育成者権	○	農林水産省	25または30年
特許法	特許権	○	特許庁	20年
実用新案法	実用新案権	○	特許庁	10年
意匠法	意匠権	○	特許庁	20年
商標法	商標権	○	特許庁	10年（更新可能）
不正競争防止法	なし	×	経済産業省	なし
著作権法	著作権	×	文化庁	原則50年（著作者の死後）

売れるはずの本やCDの数量が減ってしまうかもしれません。そういったことが頻繁に起こると小説家や作曲家は、新しい作品を創作しようという意欲を失い文化・芸術が衰退してしまうおそれがあります。このような懸念を解消するために、様々な法律によって知的財産を保護しています。つまり、自分の知的財産が他人によってマネされることを防止するための手段として、これらの法律によって知的財産権を規定しているのです（表1－1）。

それでは、どのような法律によって知的財産が保護されているのか、ポテトチップスを例に挙げて考えてみます。

・原料になるじゃがいもの品種：**種苗法**（**育成者権**）
・新しい製造方法や製品の酸化を防ぐ新しい酸化防止剤などの発明：**特許法**（**特許権**）
・賞味期限を延長させるための容器の構造に関する考案：**実用新案法**（**実用新案権**）
・容器やポテトチップスそのものの形状などのデザイン：**意匠法**（**意匠権**）

・名前（商品名）：**商標法（商標権）、不正競争防止法**
・CMに使うバックグラウンドミュージック：**著作権法（著作権）**
※知的財産権のうち特許権、実用新案権、意匠権、商標権を「産業財産権」と呼びます。産業財産権は特許庁の所管です。

種苗法

農林水産植物の新品種を保護する法律で、育成者権について規定しています。種苗法は、例えばじゃがいもを品種改良してポテトチップスの加工に適した新しい品種を作り出した場合等に、その品種を保護するのに有効な法律です。種苗法で保護を受けるためには、農林水産省に出願し審査を受けて登録されなければいけません。保護される期間は植物の種類によって異なり登録日から二五年または三〇年です。

特許法

これまで世の中になかった新しい物や製造方法等の発明を保護する法律で、特許権について規定しています。特許法は、例えばポテトチップスを製造するときに、じゃがいもが吸収する揚げ油の量を大幅に減らす製造方法を開発した場合や、これまでのポテトチップスからは想像もできないような画期的なポテトチップスを作りだした場合のほか、製品の酸化を防ぐ新しい酸化防止剤を開発した場合等に、その発明を保護するのに有効な法律です。特許法で保護を受けるためには、特許庁に出願し審査を受けて登録されることが必要です。保護される期間は出願日から二〇年です。

実用新案法

これまで世の中になかった新しい構造の物等の考案（特許法で保護される発明よりも程度の低い小発明）を保護する法律で、実用新案権について規定しています。特許法では方法やプログラム等も保護されるのに対して、実用新案法では保護されません。実用新案法は、例えばポテトチップスの賞味期限を延長させるような容器の構造を開発した場合等に、その考案を保護するのに有効な法律です。

実用新案法で保護を受けるためには、特許庁に出願し登録されることが必要です。一方、実用新案法では、特許法のように特許庁の審査を受けなくても登録され、実用新案権が発生するというメリットがあります。しかし、実用新案権に基づいて権利行使をする場合には、特許庁の評価を受けてから権利行使しなければなりません。実用新案法によって保護される期間は、出願日から一〇年です。

意匠法

これまで世の中になかった新しいデザインを保護する法律で、意匠権について規定しています。今までにないような特徴的な形状や模様をした容器やポテトチップスそのものの形状のデザインを考えた場合等に、そのデザインを保護するのに有効な法律です。意匠法で保護を受けるためには、特許庁に出願し審査を受けて登録されることが必要です。意匠法によって保護される期間は、登録の日から二〇年です。

商標法

詳細は後述しますが、商品名やブランド名等に化体※した業務上の信用を保護する法律で、商標権について規定しています。商標法は、ポテトチップスに自分たち独自の商品名を付けて発売する場合等に、その商品名やブランド名を保護することで、それらに化体した業務上の信用を保護するのに有効な法律です。商標法で保護を受けるためには、特許庁に出願し、審査を受けて登録されることが必要です。保護される期間は登録の日から一〇年ですが、更新が可能です。そして更新をくり返すことで、半永久的に保護されます。

※化体：目に見えない観念的なことを具体的な形であらわすこと。ここでは業務上の信用という観念的なことを商品名やブランド名という具体的な形であらわすことを意味します。

不正競争防止法

事業者間の公正な競争等を確保するための法律で、商品名やブランド名を保護することが可能です。不正競争防止法で規定されている権利については、特許権や実用新案権などのような名前は付けられていません。不正競争防止法で商品名やブランド名を保護するためには、これまでの法律のように登録する必要はありませんが、著名であることが必要です。ポテトチップスの名前が著名であれば不正競争防止法による保護を受けることができます。保護期間についての定めは原則としてありません。なお、不正競争防止法では商品形態の模倣行為や営業秘密に関する不正行為等についても救済・制裁の対象としています。

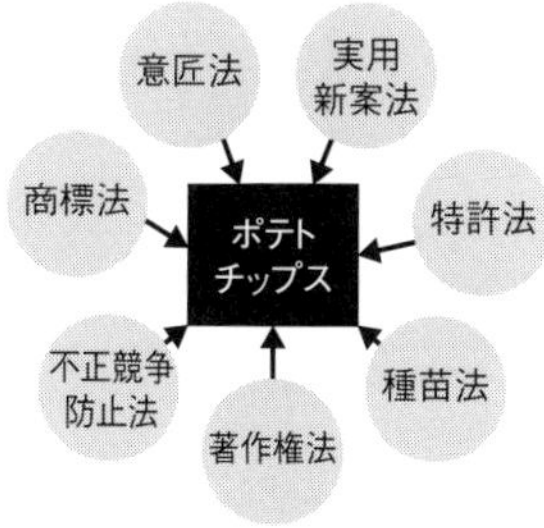

ポテト
チップス
意匠法
実用
新案法
特許法
種苗法
著作権法
不正競争
防止法
商標法

著作権法

著作物を創作した著作者等の権利を保護するための法律で、著作権について規定しています。著作物には小説や音楽等があります。著作権法は、ポテトチップスのCMに使われるバックグラウンドミュージックを創作した場合等の保護に有効な法律です。著作権法で保護を受けるためには、登録は必要ありません。保護期間は、原則として著作物が創作されてから著作者の死後五〇年までの間です。

このように、ポテトチップスの原料となるじゃがいもから、ポテトチップスを製造して販売するまでには、いろいろな知的財産が存在します。そして、これらの知的財産は、各種法律によって保護されています。

ポテトチップスの例からもわかるように、食品関連産業においてもビジネス活動と知的財産とは密接に関係しています。食品関連産業においてビジネス活動を進めていくうえで知的財産が重要な要素であることをここでは紹介しました。

Column 1

特許の使い方（従来の技術を知る）

特許法の基本的な精神は、発明を公開した代償として特許権を付与するというものです。発明を広く一般に公開することで、その発明を参考にして技術をさらに発展させるためです。そこで、特許出願がされて一定の期間が経過すると、出願の内容は公開され誰でも自由に閲覧できます。なお、出願内容は、独立行政法人工業所有権情報・研修館が運営する特許情報プラットフォーム（J-PlatPat）のホームページにて、閲覧できます（https://www.j-platpat.inpit.go.jp/web/all/top/BTmTopPage）。

一方で、新製品を開発するときには、従来からある技術を応用することが多くみられます。その場合には、従来からある技術をまず知る必要があります。

この方法として、特許出願の内容を閲覧するのが便利です。つまり、特許出願の内容を技術文献として使います。特許出願の内容は、その技術の分野における通常の知識を有する者がその発明を実施することができる程度に明確かつ十分に記載されています（特許法第三六条第四項第一号）。つまり、特許出願の内容には発明を実施するために必要な条件等が記載されているので、技術文献として参考にすることが可能です。

特許出願の内容を閲覧することによって、従来からある技術を知ることができるとともに、「どのようにしたら他人の特許権を侵害しないか」、「どのようにしたら特許権を取得できるか」ということも確認できます。

すなわち、新製品の開発段階から関連分野の特許出願をチェックしておくことが重要になってきます。

（二）知的財産の保護は必要か？

知的財産は目に見える形がないので、他人に盗まれても、あなたの手元から何かがなくなってしまうわけではありません。そのため知的財産を保護することが本当に必要なのか、と疑問を感じる人たちもいます。ここでは知的財産を保護することの必要性について考えてみます。

知的財産を保護するために様々な法律があることは、すでに述べました。これらの法律は、知的財産を保護するための権利について規定しています。これらの権利は、知的財産を他人が無断で使うことをできないようにするものです。例えば、特許権であれば特許にされた発明は、特許権者が独占的に実施できます。そして、特許権者は他人がその発明を実施するのを禁止することも可能です。そのため特許権者は権利が存続している期間において、その発明を独占的に実施し、他社がその事業に参入するのも防ぐことができます。

ポテトチップスの製造現場を考えてみます。例えば、じゃがいもが吸収する揚げ油の量を減らすことができるポテトチップスの製造方法（第一の製造方法）について、A社が特許権をもっている場合です。第一の製造方法でポテトチップスを製造することができるのは特許権者であるA社だけ

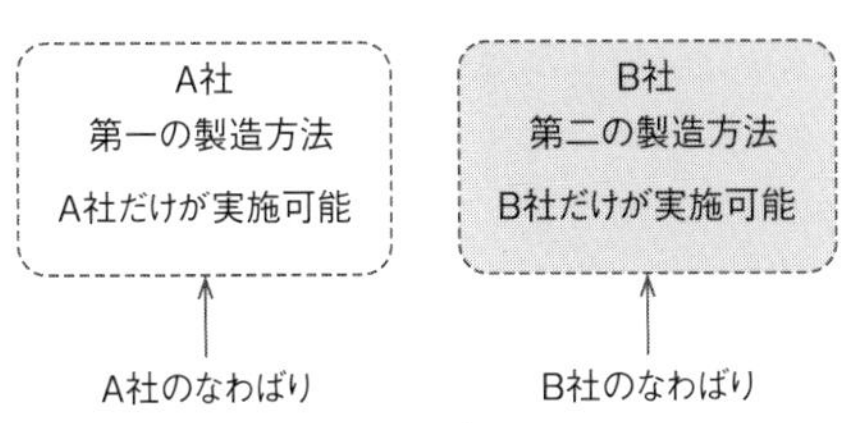

図 1-1　A社とB社との関係を示した模式図
A社もB社も自分のなわばりの中で、独占的にポテトチップスを製造できます。

なので、A社は油の少ないヘルシーなポテトチップスを独占的に製造できます。いいかえると第一の製造方法は、A社のなわばりを表しているのです（図1－1）。

一方で、この特許権者と競合関係にあるB社が、第一の製造方法でポテトチップスを製造すると、特許権者（A社）からその方法での製造を止めるようにと警告されてしまいます。そのため他の製造方法を考えざるを得ません。そこで、B社は鋭意検討し、揚げ油を使わないポテトチップスの製造方法（第二の製造方法）を発明して特許にすることで、その第二の製造方法を独占的に実施できるようにしました。つまり、第二の製造方法はB社のなわばりを表しています（図1－1）。

A社もB社も彼らのなわばりの範囲内で、ポテトチップスを独占的に製造できます。そして、彼らは自分のなわばりに入ってくる他人を排除できます。ここで問題になるのが、なわばりの範囲です。つまり、A社のなわばりの範囲がどこまでなのか、B社のなわばりの範囲がどこまでなのかということを明確にしておく必要があります。というのも、なわばりの範囲が不明確だと、A社もB社もどのしまうという問題が生じるからです。

このなわばりの範囲を明確にしているのが、特許権です。特許庁に特許出願をするときには、「特許請求の範囲」と呼ばれるなわばりの範囲を記載した書類を提出します。これによって、なわばりの範囲を明確化することで問題になることを防いでいます。

つまり、知的財産権によって知的財産を保護するということは、あなたのなわばりを明確化することです。そして、知的財産権の権利者は、そのなわばりの中で独占的にビジネス活動を行えます。換言すると、**知的財産権によって知的財産を保護することで、あなたの強みを発揮できるビジネス活動の範囲を定義することができる**わけです。ビジネス活動の範囲を明確にできれば、その範囲を主戦場としてビジネスを展開し、その中で強いブランドを育てようという戦略を立てることができます。したがって、知的財産を保護するということは、ビジネス活動の中のブランド育成において極めて重要な意味をもっています。このことは後で説明する商標権についても同じことがいえます。

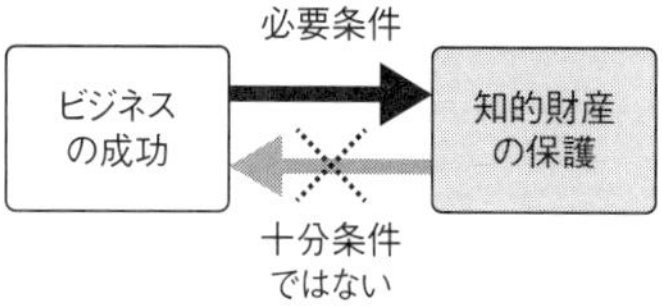

しかし、知的財産権によって知的財産を保護したからといって、必ずしもビジネスが成功するわけではありません。すなわち、知的財産権によって知的財産を保護することは、ビジネスが成功するための十分条件とはいえないのです。ビジネスが成功するための要素には、商品のよさや販売促進活動なども含まれるので、当然でしょう。

逆に、成功したビジネスを考えてみると、そこには必ず知的財産権の存在があります。なぜならば、知的財産権がなく他人が容易にマネできる状態であれば、その市場は競争が激化するため、ビジネスは成功し得ないからです。すなわち、**知的財産権によって知的財産を保護するということは、ビジネスが成功するための必要条件**であるといえます。つまり、知的財産を保護することを単なるコストとして考えるのではなく、ビジネスを成功に導くために必要な投資としてとらえ直す必要があります。

2

Column

特許の使い方(特許出願の副次的な効果)

立派な研究所があるような大企業でしたらその研究成果の管理もしっかりとしているのでしょうが、そこまでは手が回らないという企業も少なくないように思います。

例えば、研究開発の担当者が忙しくて研究報告をまとめていなかったり、研究報告はまとめられているにもかかわらず、組織的にその報告書が引き継がれていないなどが考えられます。このような場合、担当者の異動や退職によって、それまで行ってきた研究成果が後任の担当者へ適切に引き継がれないという問題が発生します。

そんなときに利用できるのが特許出願です。特許出願の内容は、技術文献として参考できることをコラム1(二〇頁)で記しましたが、ここでは特許出願の内容を社内向けの技術文献として利用します。

社内向けの研究報告書だと、研究開発の担当者が自分で作成する必要がありますが、特許出願のための書類であれば、特許事務所の弁理士が作成してくれます。つまり、忙しい研究開発の担当者にとって研究報告書の作成の手間を省けます。また、特許出願の書類であれば、知的財産権という権利にかかわる書類なので社内で適切に管理されるはずです。

さらに、弁理士は第三者の視点で発明の本質をとらえて、特許出願の書類を作成します。そのため、その発明の中で本当にすばらしい部分を再発見できるかもしれません。その発明を使った商品を販売する際のキャッチコピーやセールストークにそのまま利用できるチャンスともいえます。

ちなみに、特許出願をすることで研究開発の担当者のモチベーションも上がるでしょう。特許出願の願書には発明者の名前が記載されるので、研究開発の業績として担当者の名前が特許出願の願書という公の書類に残ります。研究開発の担当者は、自分のやってきた研究活動を振り返って誇りに感じたり、家族や友人に自慢することで、研究活動に対するモチベーションが高まるはずです。つまり、さらなる研究成果の創出や新製品の開発、ひいては会社の発展につながることでしょう。

このように特許出願は副次的な効果も期待できるのです。

二．商標法とは何か？

知的財産全般について説明してきましたが、ここから先は、知的財産のうち商標権（商標法）にクローズアップして、説明を進めていきます。

商標法の前身となった商標条例は明治十七（一八八四）年六月七日に制定されました。その後、数回の改正を経て、現在の商標法は昭和三四（一九五九）年に制定されました。商標法は今から一三〇年以上も前からある歴史のある法律なのです。ちなみに世界で最初の商標法は、一八五七年にフランスで制定されました。

日本で最初に登録された商標は、京都府の平井祐喜氏の膏薬丸薬（こうやくがんやく）です（図1－2）。

そもそも商標法とはどんな法律なのかを考えてみたいと思います。商標法の第一条にその目的が次のように書かれています。

この法律は、商標を保護することにより、商標の使用をする者の業務上の信用の維持を図り、もって産業の発達に寄与し、あわせて需要者の利益を保護することを目的とする。

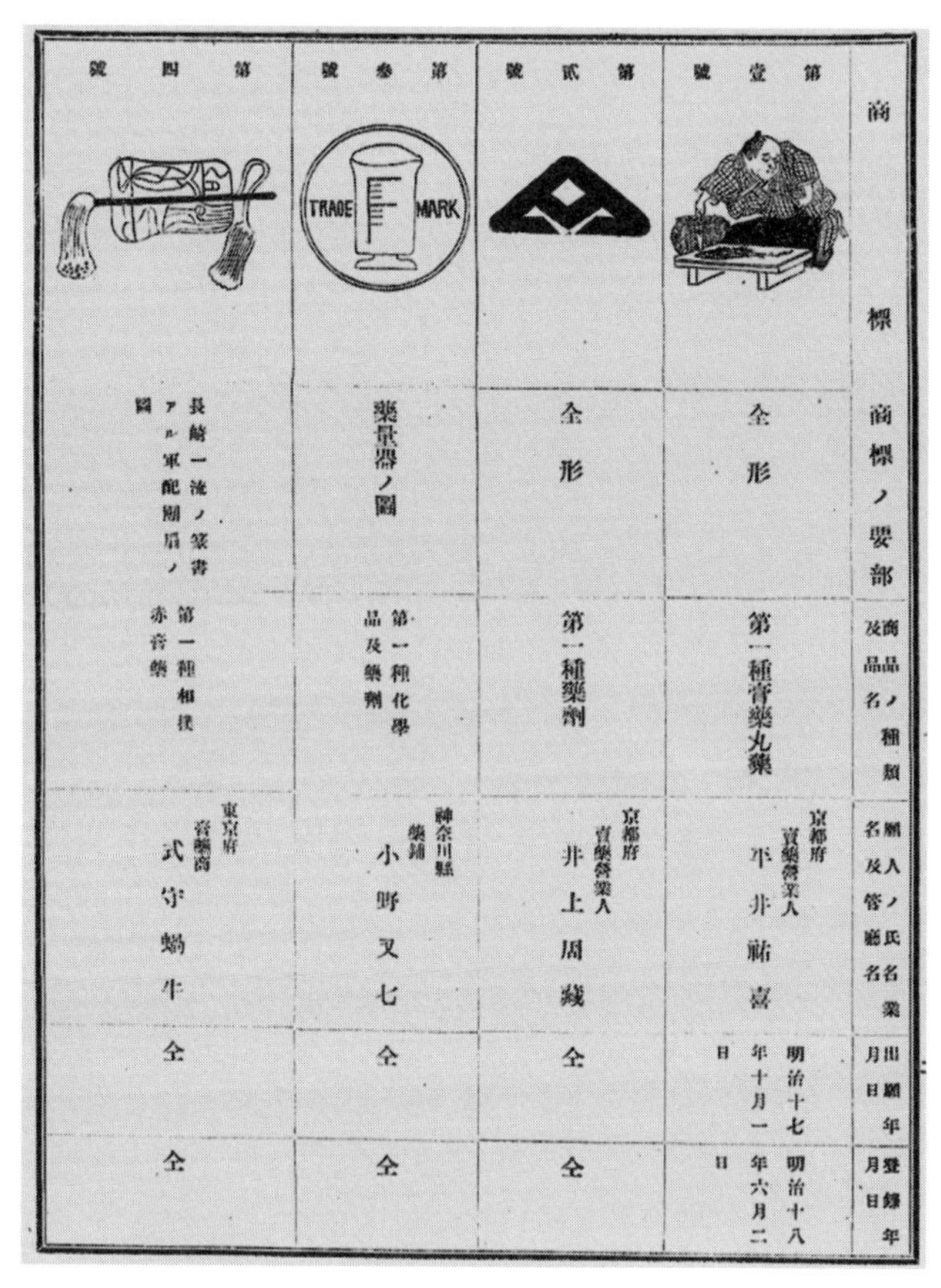

	商標	商標ノ要部	商品ノ種類及品名	願人ノ氏名業名及管廳名	出願年月日	登録年月日
第壹號		全形	第一種膏藥丸藥	京都府 賣藥營業人 平井祐喜	明治十七年十月一日	明治十八年六月二日
第貳號		全形	第一種藥劑	京都府 賣藥營業人 井上周藏	全	全
第參號	TRADE MARK	藥量器ノ圖	第一種化學品及藥劑	神奈川縣 藥鋪 小野叉七	全	全
第四號		長崎一流ノ篆書アル軍配團扇ノ圖	第一種相撲赤膏藥	東京府 膏藥商 式守蝸牛	全	全

図 1-2　商標登録第 1 ～ 4 号までの公報
商標登録第 1 号（一番右の絵）は、料理をしたときに包丁で手を切ってしまったことを表す図形の商標。手を切っても、この薬があれば大丈夫ということを表現しています。
出典：商標公報。

つまり、商標法は商標を保護することで、商標を使用する人が安心して経済活動に取り組めるようにし、わが国の産業が発達することを目的としています。同時に、商品を買う人にとっても、商標はひと目でそれと識別できる目印としても役立っているので、混乱が起きないように商標を保護するという目的ももっています。

さらに「商標の使用をする者の業務上の信用の維持を図り」という部分には深い意味があります。商標法は、商標そのものを保護することにより、商標に化体した業務上の信用を保護していることを示しています。つまり、商標は、小説や音楽と違って、頭の中で考えついたことに価値があるのではなく、その商標を使用したことによって獲得した業務上の信用に価値があるのです。この点は、頭で考えたアイデアの成果物である他の知的財産の考え方とは異なり、ユニークな部分といえます。

私の身のまわりでも、面白い商品名を考えついたから商標権を取得して第三者に売ろうという人が、時々見受けられます（冗談半分の会話の中ですが……）。しかし、商品名を思いついただけでは、実は何の価値もありません。その名前をたくさん使って多くの人に知ってもらい、商品やサービスの信用を勝ち取ってこそ商標の本当の価値が出てくるからです。

これらのことをまとめると、**商標法とは商標に化体した業務上の信用を保護することで、商標を使う人や需要者を保護すると同時に、安心して経済活動が行えるようにする法律**といえます。そして、商標権は商標法の目的を達成するために認められている権利で、商標に化体した業務上の信用を保護するための権利ということができます。

三．商標とは何か？

（一）商標の種類

商標とは、「人の知覚によって認識されるもののうち、文字、図形、記号、立体的形状若しくは色彩又はこれらの結合、音その他政令で定めるもの（「標章」という）であって、商品やサービスについて使用するもの」（商標法第二条第一項）をいいます。

登録されている商標の具体的な例を示します（図1－3～1－6）。文字のみからなる商標、図形のみからなる商標、立体的形状のみからなる商標、音の商標、文字と図形とが結合した商標等、いろいろなタイプの商標が登録されていることがわかります。どのようなタイプの商標であって

シーチキン

図 1-3　商標登録第 5787608 号
権利者：はごろもフーズ株式会社
文字のみからなる商標
出典：商標公報。

図 1-4　商標登録第 4433607 号
権利者:キリン株式会社(画像提供)
図形のみからなる商標

も、それらを見たり、聞いたりすれば、その商標が使用されている商品やサービスを思い出すことができます。その商標には商品と直結するイメージが備わっているだけでなく、商品に対して業務上の信用が付随しているからです。

ここで挙げたタイプの商標以外にも、ホログラムの商標、動きの商標、位置の商標、色彩のみからなる商標を登録することもできます。なお、日本では香りの商標については登録できませんが、海外では商標登録できるケースもあるようです。

図 1-5　商標登録第 5384525 号
権利者：株式会社ヤクルト本社
立体的形状のみからなる商標
出典：商標公報。

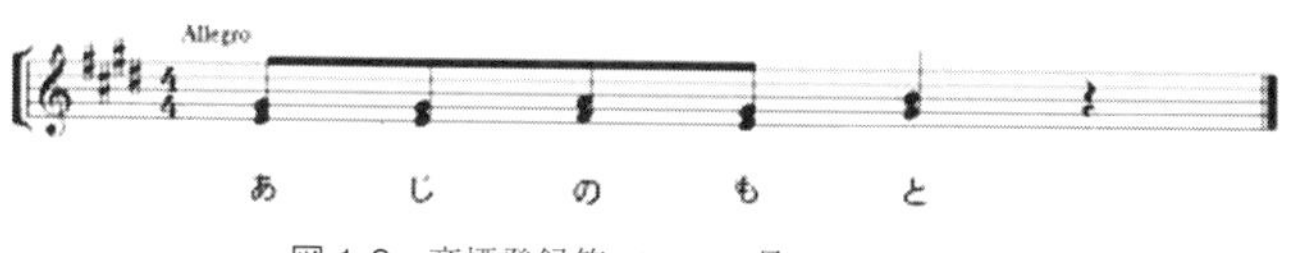

図 1-6　商標登録第 5805582 号
権利者:味の素株式会社(画像提供)
音の商標

3

Column

商標は生きもの

図1－5（三三頁）の容器の形状だけを見て、これがヤクルトの容器であることが、すぐに理解できると思います（「ヤクルト」の文字が書かれていないにもかかわらず、すぐに理解できるというのは、すごい!!）。

通常は、食品や飲料の容器の形状を見ただけでは、その容器がどの会社のどの商品のものであるかは認識することができません（専門用語では、これを「識別力がない」といいます。識別力については後述します）。そして、識別力がない商標は、商標登録を受けられません（商標法第三条第一項各号）。

ヤクルトの容器も発売当初は、飲料の容器の形状としては識別力がなかったはずです。しかし、長い間使用し続けた結果、消費者がその容器の形状を見るだけで、ヤクルトの容器であることを認識できるようになりました。つまり、容器を使用し続けることで、その容器の形状が識別力を獲得したのです。このことが特許庁にも認められ、ヤクルトの容器の形は商標登録されました。

したがって、はじめは識別力がない商標でも、長い間適切に使用し続けることで、その商標に業務上の信用が付き、後発的に識別力を獲得できます。逆に、はじめは識別力をもっていたのに使用方法が不適切だったりすると、似た後発品が次々と発売されることなどでその識別力を失ってしまうこともあり得ます。

つまり、同じ商標であっても、その商標の使い方と使用した時間の流れとによって価値が変わってくるのです。このように考えると、商標が生きものであるということができるかもしれません。

(i) 自他商品等識別	(ii) 出所表示
自分の商品と 他人の商品を区別	商標が同一の商品なら、 出所も常に同一
(iii) 品質保証	(iv) 宣伝効果
商標が同一の商品なら、 同一の品質を有する	商標が目印となり、 購買意欲を高める

図 1-7　商標の 4 つの機能

(二) 商標の機能

次に、商標がどのような機能をもっているのかを考えてみます。すでに「はじめに」で紹介しましたが、一般的に商標には、次の四つの機能があるといわれています（図1－7）。

(i) **自他商品等識別機能**

他の商品やサービスから識別します。

(ii) **出所表示機能**

一定の商標が付された商品やサービスは、出所が一定であることを示します。

(iii) **品質保証機能**

一定の商標が付された商品やサービスは、一定の品質を有することを保証します。

(iv) **宣伝広告機能**

商標を手掛かりにして、消費者等に購買意欲を喚起します。

(i)自他商品等識別機能

自分の商品やサービスを他人の商品やサービスから識別する機能です。例えば、梅太郎さんが「梅太郎餃子」という商標を付けた肉がたくさん入った肉餃子を売っていたとします。一方で、桜太郎さんという別の人が「桜太郎餃子」という商標を付けた野菜がたくさん入った野菜餃子を売っていた場合を考えます。

消費者は「梅太郎餃子」という名前を聞けば肉餃子を思い出し、「桜太郎餃子」の野菜餃子とは別の餃子であると認識します。これが自他商品等識別機能です。自分の商品やサービスを他人のそれと区別するという点で商標のもっとも中核的な機能といわれています。

(ii)出所表示機能

一定の商標が付された商品やサービスは出所が同一であることを示す機能です。先ほどの例を挙げると、出所表示機能とは、「梅太郎餃子」という商標が付けられた餃子は、梅太郎さんが売っているもので、一方、「桜太郎餃子」という商標が付けられた餃子は桜太郎さんが売っているものである、と消費者が認識することです。これにより消費者は、梅太郎さんの肉がたくさん入った肉餃子を食べたいと思ったときは「梅太郎餃子」の商標が付けられた餃子を選べばいいわけです。

(iii) 品質保証機能

ある決められた商標が付された商品やサービスは、常に同じ品質を有することを保証する機能です。梅太郎さんの「梅太郎餃子」の例での品質保証機能とは、消費者に「梅太郎餃子」を買えば、いつも同じように肉がたくさん入っているということを認識してもらうものです。ある商標を使って品質保証機能を担保するためには、一定の品質を保つことが必要です。

今日買った餃子は肉がたくさん入っていたのに、昨日買った餃子は肉が少なかったりしたら品質がバラバラで、消費者は安心して買うことができません。そうなると、品質保証機能をうまく発揮することができません。逆にいうと、一定の品質を保つことで、消費者に「この商標の餃子なら安心して買える」という安心感を与えることができるのです。品質保証機能を発揮させるためには、商品の品質やサービスの質を保つことが重要になります。

ⅳ宣伝広告機能

商標を手掛かりにして、消費者等に購買意欲を喚起する機能です。梅太郎さんの「梅太郎餃子」の例での宣伝広告機能とは、「梅太郎餃子」という商標を見るだけで、肉がたくさん入った肉餃子のおいしさを思い出させて、食べたいなという消費者の意欲を呼び起こすことです。つまり、商標には商品やサービスのすばらしさを伝える伝道師になる機能があるのです。

商標の研究によると、商標の機能のうちⅰ自他商品等識別機能がもっとも中核とされています。商標を付けることで、その商品と他の商品とを区別しているのだから当然です。しかし、ビジネス活動の中では、ⅲ品質保証機能やⅳ宣伝広告機能にもっと注目してもよいように思います。

例えば、同じ品物を買う場合、高級デパートの包装紙に包まれた物とそうでない物とでは、買う人の印象は違うのではないでしょうか？　例えばお中元やお歳暮といったギフトやプレゼントを買うときには、このことが顕著になります。

つまり、高級デパートの包装紙に使用されている商標には、「このお店で売っているものなら、間違いなくよい物だ」「ギフトを届ける相手側でも安心して受け取ってもらえるだろう」という安心感（品質保証機能）があります。その結果、「このお店で物を買いたい」という購買意欲（宣伝広告機能）の喚起につながります。つまり、商標は消費者が物を買うときに「この商標が付いているから安心だ」、「買いたい」と考えるときの目印になっているのです。

商標がこのような機能を発揮するには、業務上の信用を勝ち取ることが必要で、そのためには商品の品質を高水準で安定させること、同じ商標を長い期間にわたって使用し続けること、宣伝広告により認知度を上げることなどが重要になってきます。つまり、単によい名前だからといって消費者から信頼を得ることができる、ということではないのです。それよりもむしろ、その名前をどのように使っていくのか、ということが問題なのです。

これは生きものを育てる感覚と似ているかもしれません。私は趣味で家庭菜園をしていますが、畑を耕して種を蒔き、水や肥料をあげたり手間と時間とをかけて、ようやくひとつのトマトを収穫します。

商標も同じで、手間と長い時間とをかけて少しずつ成長させることで、その商標について業務上の信用を勝ち取っていくのです。すなわち、名前を考えたり商標権を取得したりすることは、畑を耕して種を蒔いている段階にすぎません。その後、手間と時間をかけて商標を育てていく必要があります。

商標実務にかかわる人間としては、このことを肝に銘じておく必要があります。

Column 4

ネーミングと業務上の信用

新商品を売り出したものの思うように売上が伸びないということがあります。そんな場合、何が悪いのか原因を探ります。ここでよくやり玉に挙げられるのは、「名前が悪い」です。名前が原因ならその名前を変更して再度売り出そうとすることもあるかもしれません。確かに新しい名前を付けて再度売り出すことで、社員のモチベーションを高めたり、顧客の注目を浴びたりするという効果がありそうです。

一方で、すでに売っている商品は、当初考えていたほどは売れていないにしても、その商品を気に入って買い続けている顧客が存在しているはずです。そうした顧客にとってその商品の名前（商標）には、すでに業務上の信用が化体（十八頁注）しています。つまり、新しい名前を付け直すと、この業務上の信用はなくなったうえに、新しい名前に業務上の信用が化体するようにゼロからやり直すことになります。したがって、商標という側面から考えると、多少問題のある名前であっても、宣伝活動を工夫するなど我慢して使い続ける方がよい場合もあります。売れないからといって安易に商品の名前を変更するのではなく、慎重にメリットとデメリットとを比較して考える必要があります。

(三) 商標権

商標権を取得することでなわばりの範囲を明確化し、それによってあなたの強みを発揮することのできるビジネス活動の範囲を定義できます。そして、その範囲を主戦場としてビジネスをさらに展開していくための戦略を立てることにつなげていくということは、すでに述べました。ここでは、その戦略の土台となる商標権について説明します。

(i) 商標権は、どのようにしたら発生するのか?

先述の通り、商標権は商標法の目的を達成するために認められている権利で、商標に化体した業務上の信用を保護するための権利です。ここでは、その商標権がどのようにしたら発生するのかについて、説明します。

商標権を取得するには、まず特許庁に商標登録(商標登録出願)をしなければなりません。ここから商標登録されるまでの流れは、図1-8の通りです。

まず、商標案を考え、特許庁に商標登録出願をします。このとき願書には登録を受けようとする商標と、その商標を使用する商品やサービスとを記載する必要があります(図1-9)。このときの商品を**指定商品**、サー

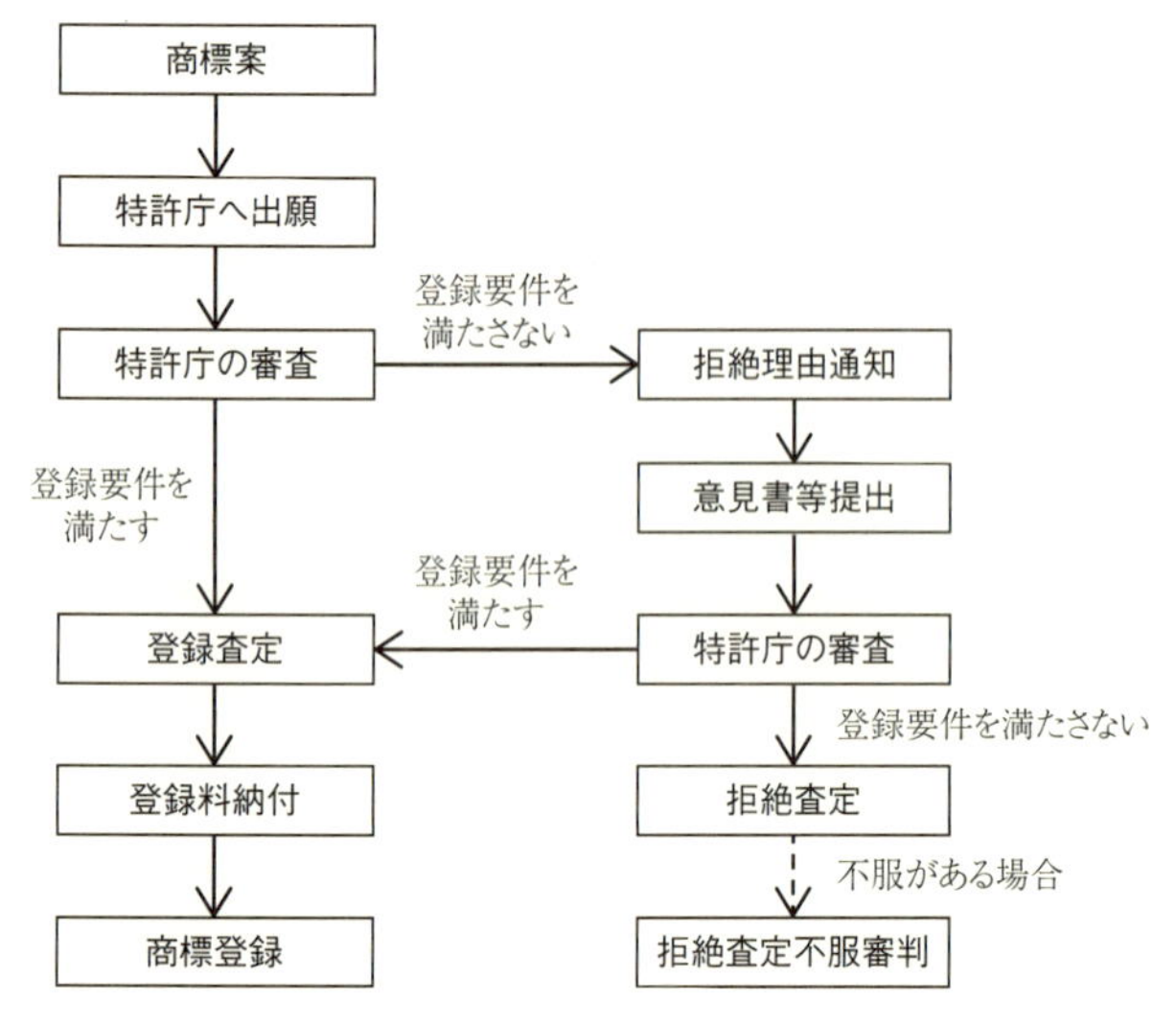

図 1-8　商標登録出願のフロー
出願した商標は、登録要件を満たすか否かについて、特許庁で判断されます。要件を満たしていると判断されれば、登録されます。

ビスを**指定役務**（していえきむ）とそれぞれ呼びます。

詳細は後述しますが、登録を受けようとする商標と指定商品・指定役務とによって、商標権の権利範囲（なわばりの範囲）が決められます。すなわち、出願するときには登録を受けようとする商標と指定商品・指定役務とを事前にしっかり決めておく必要があります。

出願された商標は、特許庁の審査官によって、登録のために必要な要件を満たしているか否かについて審査されます。その結果、審査官が登録要件を満たしていると判断すれば、登録の通知（登録査定と呼びます）が届きます。その後、登録料を納付すれば、特許庁にて商標登録がされて、商標権が発生

【書類名】　商標登録願
（【整理番号】）
（【提出日】　平成　　年　　月　　日）
【あて先】　特許庁長官　　殿
【商標登録を受けようとする商標】

【指定商品又は指定役務並びに商品及び役務の区分】
　【第　　類】
　【指定商品（指定役務）】
【商標登録出願人】
　（【識別番号】）
　【住所又は居所】
　【氏名又は名称】
　（【国籍】）
【代理人】
　（【識別番号】）
　【住所又は居所】
　【氏名又は名称】
（【手数料の表示】）
　（【予納台帳番号】）
　（【納付金額】）
【提出物件の目録】
　【物件名】

図 1-9　商標登録出願の願書の様式
出願に際しては、登録を受けようとする商標と指定商品・指定役務を記載する必要があります。

します。ちなみに商標登録されると、登録証が届くので、大切に保管しておいてください。

一方、登録のために必要な要件を満たしていないと特許庁の審査官が判断した場合であっても、直ちに拒否（拒絶査定と呼びます）されるわけではありません。まず、拒絶理由（審査官が登録できないと考える理由）が通知されます。これに対して、出願人は意見書を提出することで審査官の誤解や勘違いを指摘したり、補正をすることで出願書類の誤りを修正することができます。つまり、もう一度チャンスがもらえます。これによって拒絶理由が解消されたと審査官が判断すれば、登録査定が通知されます。

意見書の提出や、補正をしたにもかかわらず、まだ拒絶理由が解消できなかった場合は、拒絶査定がされます。その際に不服があるときは拒絶査定不服審判を請求し、争うことも可能です。

拒絶理由がない場合は、出願から登録までに要する期間は、約六～八カ月です。ただし、審査の混み具合によって、その期間は前後します。

なお、審査を早急に受ける必要があり所定の条件を満たす場合には、早期審査の申出をすることができます。特許庁にて早期審査をするか否かの選定がされ、対象となった案件は、審査官によって速やかに審査が行われ、登録に要する期間を短縮できます。

(ii)商標権の効力は、いつまであるのか?

商標権は登録の日から一〇年間効力があります。この権利期間のことを存続期間と呼びます。その後も更新登録といわれる手続をすれば、さらに一〇年間商標権を維持できます。つまり、この**更新登録を一〇年ごとにくり返せば、商標権は半永久的に維持できます。**これは他の知的財産権と大きく異なる点です。例えば、特許権であれば、出願の日から二〇年で存続期間は満了するほか、著作権も原則として作者の死後五〇年で権利は消滅します。

商標権は商標に化体した業務上の信用を保護するためのものです。商標は長い期間使えば使っただけ業務上の信用が蓄積されてくるものと考えられます。そのため更新登録ができるのです。そうだとしたら商標権に存続期間を設けなくてもいいのではないか、という考えもあります。

しかし、使わない商標を放棄するなど棚卸の機会がないと、使われないままの商標が一方的に増えていくという問題も発生します。そこで、これらのバランスをとるため、わが国の商標法では、存続期間を一〇年とし、更新登録により権利を半永久的に維持できるようにしているのです。

更新登録の詳細については後述するので、ここでは商標権の存続期間は一〇年間で、更新登録をすれば半永久的に権利を維持できることを覚えておいてください。

(ⅲ)商標権の効力とは何か？

商標権にはどのような効力があるのか説明していきます。

①商標権は二重構造になっている

先述の通り商標権は、特許庁に登録されて権利が発生します。登録する内容には、商標（登録商標）と指定商品・指定役務とが含まれています。そして、商標権の権利の範囲は、登録商標と指定商品・指定役務とによって決められます。

商標権者（商標権の権利者）は、指定商品・指定役務について登録商標（すなわち、登録された範囲と同一の範囲）を独占的に使用することができ、さらに、この範囲で他人が商標を使用するのを禁止することもできます（商標法第二五条）。これは権利の中核をなすもので**専用権**と呼びます。

しかし、この**専用権の範囲（同一範囲）**を保護しただけでは、十分な保護とはいえません。例えば、和菓子店の名前の登録商標「名泉堂」があった場合、それに似せた商標「名泉屋」を他人の和菓子店が使用すると、お客様は勘違いをしてしまうかもしれません。そして、「名泉屋」の商品の品質が低ければ、「名泉堂」の商品だと思っていたお客様はがっかりします。つまり、登録した範囲と類似する範囲で他人が商標を使用すると、登録商標に化体した業務上の信用を傷つけるおそれがあります。しかも、他人が商品名をマネしたりすることが容易にできてしまうという商標の性質上、登録商標に化体した業務上の信用は傷つけられやすいものでもあります。

そこで商標法では専用権の範囲（同一範囲）に類似する範囲についても保護することとしています。つまり、登録商標に似た商標についても他人の使用を制限しているのです。具体的には、指定商品・指定役務が同一の商品・役務に登録商標に類似する商標を使用すること、指定商品・指定役務に類似する商品・役務に登録商標を使用すること、指定商品・指定役務に類似する商品・役務に登録商標に類似する商標を使用することを類似範囲としています。そして、類似範囲で他人が商標を使用することを禁止しています（商標法第三七条第一号）。これは**禁止権**と呼んでいます。なお、

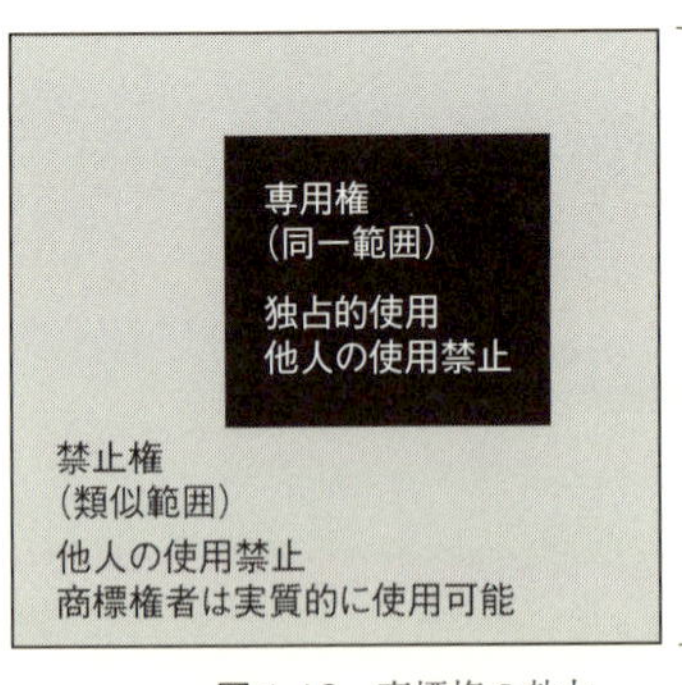

図 1-10　商標権の効力
二重構造になっています。

この**禁止権の範囲（類似範囲）**では商標権者は、独占的に商標を使用することが認められているわけではありません。単に他人の使用を禁止することができるというだけですが、実質的には商標権者にとって使用可能な範囲ということができます。

つまり、商標権（専用権と禁止権）は、図1－10の模式図に示したように二重構造になっています。内側の黒い四角で示した専用権の範囲（同一範囲）を中核として、この周囲を囲むように禁止権の範囲（類似範囲）があります。

そして、専用権の範囲内では商標権者は、登録商標を指定商品・指定役務に独占的に使用することができます。また、第三者が使用するのを禁止することもできます。一方、禁止権の範囲では、商標権者は登録商標を独占的に使用する権利はもっていませんが、他人が使用するのを禁止することができます。

すなわち、商標権者のなわばりの範囲は、これら専用権と禁止権との範囲を合わせたものだといえます。

表 1-2　同一・類似・非類似範囲

		商標		
		同一	類似	非類似
商品・役務	同一	同一（専用権）	類似（禁止権）	非類似
	類似	類似（禁止権）	類似（禁止権）	非類似
	非類似	非類似	非類似	非類似

商標の類否※と商品・役務の類否との関係で、同一の範囲か、類似の範囲か、非類似の範囲かが決まります。
※類否：類似しているか否かのこと。

以上述べた同一、類似のほかそれらに該当しない非類似を含めた三つの範囲の関係を表1－2にまとめました。

すなわち、商標の同一、類似、非類似を判断したうえで、商品・役務の同一、類似、非類似を判断することで、どの範囲に該当するかを判断できます。商標や商品・役務が類似するかどうかの判断方法は、奥が深い問題なので、ここでは深入りしません。ここでは、同一、類似、非類似の三つの範囲があることを知っておいてください。

表のうち、黒色で示した部分が同一範囲で、独占的に使用できる専用権の範囲です。

濃い灰色で示した部分は類似範囲で、禁止権の範囲です。

薄い灰色で示した部分は非類似の範囲です。非類似の範囲では商標権の効力は及びません。

②他人の使用を禁止するとは何か？

商標権者は、専用権、禁止権の範囲内で、他人の使用を禁止することができますが、ここでは、どのようにして他人の使用を禁止するのかについて解説します。

商標権者には次のような権利が認められていて、これをもって他人の使用を禁止することができます。

・**差止請求**（商標法第三六条）

商標権者は、専用権や禁止権の範囲内で商標を使用する他人に対して、その商標の使用を止めるように求めることができます。差止請求は、直接的に他人の行為を止めさせることができるという点で効果があります。

・**損害賠償請求**（民法第七〇九条）

商標権者は、侵害行為によって発生した損害の賠償を請求することができます。

・**信用回復措置請求**（商標法にて準用する特許法第一〇六条）

侵害行為によって商標権者の信用が傷つけられた場合、商標権者は侵害者に対して新聞広告などへの謝罪文の掲載を求めることができます。

・**不当利得返還請求**（民法第七〇三条、第七〇四条）

商標権者は、侵害行為によって不当に得た利益を商標権者に返還するよう求めることができます。

・**刑事罰**（商標法第七八条、第七八条の二）

侵害者は、刑事罰（懲役もしくは罰金、または両方）を科せられます。

これらの内容を見ると、商標権者は幅広く手厚く保護されていることがわかります。この中でも差止請求がもっとも実用的な権利だといえます。他人が商標権者（あなた）の商標権の範囲（なわばりの範囲）内に入ってきた場合に、その行為を止めるように注意を喚起できるのは、実に直接的だからです。実際に実務において注意を喚起する手紙を送付して、相手方に侵害行為の中止を求めるケースは多いです。

この差止請求によって、商標権者（あなた）は、自分の商標権の範囲（なわばりの範囲）で他人の商標の使用を排除することができます。それが商標権者（あなた）の強みとなります。すなわち、商標権に認められた権利の中でも、差止請求というのは、独自のブランドを育てるという観点では重要な役割を果たす権利なのです。

商標権者（あなた）は、差止請求以外の権利も含め、これらを適切に駆使して、商標に化体した業務上の信用を維持することを考える必要があります。つまり、商標権者（あなた）は、他人の動向を常にチェックして、他人があなたの商標権の範囲（なわばりの範囲）内に入ってこないかを見張っておかなければならないのです。そして、他人があなたの商標権（なわばりの範囲）内に入ってきたときには、相手に対してそこから出ていくように注意を喚起しなくてはいけません。そうしなければ、あなたが投資をして築きあげた商標に化体した業務上の信用が他人によって傷つけられてしまうからです。

一方で、あなたが商標権者ではないという場合には、商品開発にあたり他人の商標権を侵害しないように努める必要があります。仮に不注意で他人の商標権を侵害してしまった場合でも、商標権者から差止を請求される可能性があります。そうなってしまうと、商標を変更するためにすでに販売している商品を回収したり、包装資材のほか宣伝用の製品パンフレット、お店の看板などを廃棄しなくてはいけません。このときの損失は甚大になるでしょう。

他人の商標権を侵害しないためには、新しい商標を使用する前に事前に調査しておくことが大切です。そして、他人の商標権の範囲（なわばりの範囲）を把握したうえで、あなた自身が商標権を取得してあなた自身のなわばりを明確にしておくことが重要です。専用権の範囲（同一範囲）内では、商標権者は独占的にその商標を使用できるので、他人のなわばりを気にすることなく安心してビジネス活動に専念できるからです。

ビジネス活動のスピードアップを図るために、他人の商標権を調査し忘れてしまい、会社に損失を与えてしまったというのでは、「へぼ将棋、王より飛車をかわいがり」となりかねません。そのような事態を避けるためにも、新しいこと（新規事業や新商品の発売等）を始めるときは、まず商標登録出願をするということを社内のルーティンワークとして取り決めておくのが有効な手段です。

まとめ

第一章では、知的財産と商標とについて説明しました。その内容をまとめておきます。

・ビジネス活動と知的財産とは密接に関連し、各種法律によって知的財産は保護されている。
・知的財産権（商標権）によって知的財産（商標）を保護することは、なわばりの範囲を決めることである。なわばりを決めることで、自分の強みを発揮できるビジネス活動の範囲を明確にする。
・商標は知的財産の一種で、商標法は商標に化体した業務上の信用を保護するための法律である。
・商標の有する機能を発揮させるためには、お客様から業務上の信用を得ることが必要である。
・商標権を取得するためには、特許庁への商標登録が必要。商標権の存続期間は10年で、更新により半永久的に維持できる。
・商標権者は、専用権（同一）の範囲内で独占的に商標を使用できるほか、禁止権（類似）の範囲内で他人が商標を使用することを禁止できる。

5

Column

弁理士の仕事

商標登録出願の願書の様式は、図1－9（四五頁）に示しました。ご覧の通り、ずいぶんと簡単な様式のため、この程度なら出願を自分でしてみようという方もおられるかと思います。ところが、簡単にはいきません。例えば、指定商品や指定役務の内容を効果的に選択できなかったり、特許庁から拒絶理由が通知された場合の対応に困ったりするでしょう。

一方で、弁理士に商標登録出願を依頼すると、弁理士に手数料を払う必要はありますが、指定商品・指定役務についてもっとも効率的で広い権利範囲を提案してくれます。また、弁理士に出願の事前調査を依頼すれば、他人の登録商標などを調査してくれるので登録や拒絶の可能性もわかります。その結果、想定される拒絶理由を回避したかたちで商標登録出願を行えます。さらに、特許庁から拒絶理由が通知された場合でも、弁理士に依頼すれば適切な対応をとってもらえます。なんだか弁理士の宣伝のようになってしまいましたが、商標登録出願は専門家である弁理士に相談する方が安心かと思います。

第二章　商標実務のフロー（出願前〜登録）と食品関連産業における注意点

第一章では商標権を取得することが、自分の強みを発揮できる範囲を定義するのに役立ち、ブランドを育てていくうえで重要な足がかりとなることを説明しました。一方、商標権を取得するためには、特許庁へ商標登録出願をし、商標登録する必要があります。また、商標登録した後も考えなければならない点がいろいろとあります。これらはブランドを育てるのに必要不可欠です。

ところで、商品名やお店の名前を検討してから商標登録出願を経て商標登録を済ませて実際に商標を使用するまでの実務には、一定の手順（商標実務のフロー）があります。この商標実務のフローは、食品産業に限定されるものではありません。第二章と第三章では、商標実務のフローについて解説するとともに、それぞれの段階においてどのように考えて立ち向かっていくのがよいのか、食品関連産業特有の注意点を含めて説明していきます。まず、第二章では商標実務のフローの前半部分である商標登録出願前から商標登録までの段階について解説します。

一．商標実務のフロー

食品関連産業に限らず、企業などにおける商標実務には、一定のフローがあります。

それは単純にいうと

(i) **新商品開発や新規事業の事業計画の段階で商品名等を検討し、決定**
(ii) **商標登録出願**
(iii) **登録後、権利が発生**
(iv) **登録から一〇年で存続期間が満了し、更新登録**

というものです。この(i)〜(iv)のフローが商標実務の主要な流れです。

そして、この(i)〜(iv)の主要な流れの中に、(v)拒絶理由通知への対応や(vi)使用許諾、(vii)侵害への対応といったイベントが発生する場合があります。

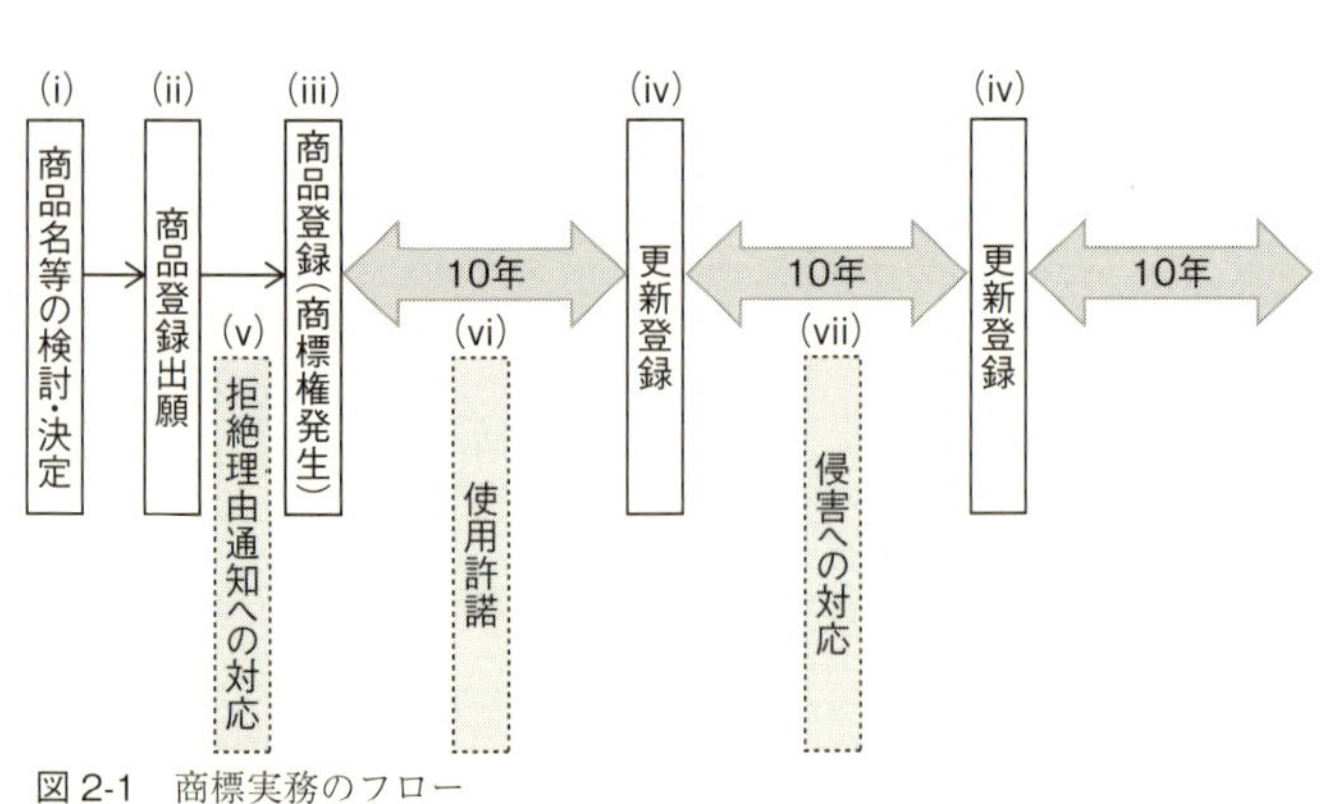

図 2-1　商標実務のフロー
商標の実務には一定のフローがあります。この流れを理解しておくことが大事になってきます。

これらをまとめたものが図2－1で、このフローに沿って、各段階でどのようなことに注意して実務を進めていくべきか、詳細を説明していきます。

なお、商標実務のフローの中には、(v)拒絶理由通知への対応、(vi)使用許諾、(vii)侵害への対応の他にも、例えば不使用取消審判などのイベントが発生することもあります。しかし、このようなイベントは発生する頻度が多くないため、後ほど順を追って解説しますが、本書では詳細な説明を省略します。

二．「商品名等の検討・決定」をどのように考えるか？

商標実務のフローでは、まず「商品名等の検討・決定」をします。ここの段階ではマーケティングの側面から商品名などを考えるのと同時に、「その商標を使用しても問題がないか？」ということについても注意深く考える必要があります。以下、詳細を説明します。

（一）その商標を使用しても問題がないか？

商品名やお店の名前を考えるときに、「呼びやすい名前にしよう」、「お客さんに親しみをもってもらえるような名前にしよう」、「商品の特徴をそのまま商品名にしよう」など、様々なことに想いをめぐらせるはずです。そして、苦労して考えた商品名を今すぐに使いたくなる気持ちは、私もよくわかります。特にすばらしいアイデアが閃いた瞬間は、ワクワクして気持ちが高まることでしょう。しかし、このときに一呼吸おいて、冷静になる必要があります。**ここで必ず「その商標、使用しても大丈夫ですか？」と自問してください。**

第一章で述べましたが、商標権者には非常に強大な力があるので、他人の商標権を侵害しないように注意を払う必要があります。そこで、ワクワクする気持ちを抑え、冷静になって立ち止まり、「その商標、使用しても大丈夫ですか？」と考えたうえで次のステップに移るように心がけてください。

（二）使用できる商標とは何か？

使用することができる商標とは、次に挙げるどちらかになります。

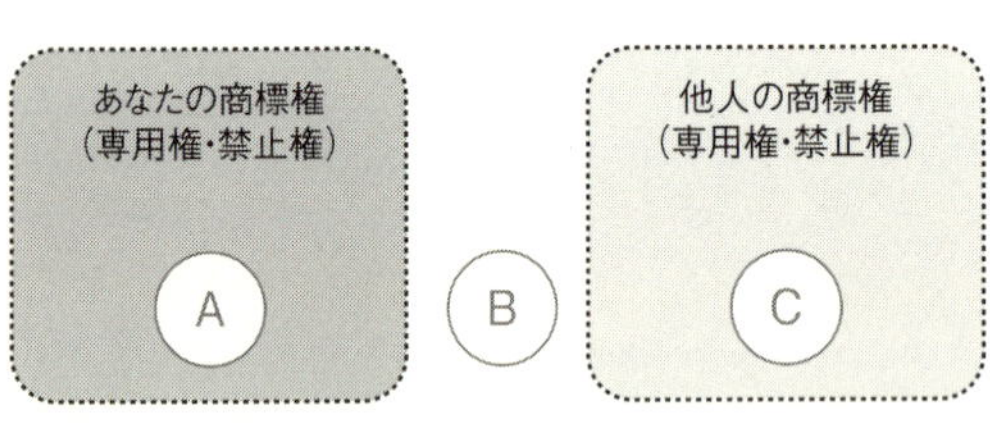

図2-2　使用できる商標
あなたの商標権の範囲内Ⓐの商標と、商標権の範囲外Ⓑの商標については使用できますが、他人の商標権の範囲内Ⓒの商標は、使用できません。

（i）あなたの商標権（専用権・禁止権）の範囲内の商標
（ii）他人の商標権（専用権・禁止権）の範囲外の商標（非類似の商標）

逆にいうと、他人の商標権（専用権・禁止権）の範囲内の商標は、使用できません。そのため使用を検討している商標が他人の商標権の範囲内にあると判断した場合は、その商標の使用を諦めて別の商標を検討する必要があります。

(i)あなたの商標権（専用権・禁止権）の範囲内の商標

商標権者は、専用権の範囲内（同一の範囲）で独占的に商標を使用できます（図2－2のⒶ）。すなわち、あなたのなわばりの中心部である専用権の範囲内で自分の登録商標を使用するというのは、自分のミスでまわりとトラブルになる可能性も低く安全性の高い方法といえます。したがって、商品名等を検討する際には、あなたが保有する登録商標を使用することを第一に検討するべきです。

また、商標権者は禁止権の範囲内（類似の範囲）でも実質的にはその商標を使用することができます。しかし、禁止権の範囲内で使用する場合には注意が必要です。食品関連産業においては、原料の供給の事情や行事などから季節限定商品を扱っています。このような商品は、毎年（シーズンごとに）容器のデザインを変更しているケースが多いです。デザインが変更されることで商標の使い方（商標の使用態様ともいいます）も少しずつ変更されてきます。

例えば、最初はAという商標の使用態様だったものが、次の年（シーズン）にはA′になる場合を考えてみます。このとき、Aという商標の使用態様であれば、禁止権の範囲内（類似範囲）であったのに、A′という商標の使用態様になると、禁止権の範囲外（非類似の範囲）になってしまうケースがあります（類似の類似は、必ずしも類似とは限らないのです）。そうすると知らぬ間にあなたはなわばりの外に出てしまっていることになります（図2－2のⒷ）。しかし、自分のなわばりから出てしまっただけであればよいのですが、出ていった先で他人のなわばりの中に入ってしまったら、他人の商標権の侵害になります（図2－2のⒸ）。つまり、たとえわずかであっても商標の使用態様の変更には十分に注意する必要があります。

したがって、あなたのなわばりの中心部である専用権の範囲で商標を使用することを第一に考えつつ、禁止権の範囲でも商標を使用する場合は、類似の範囲を意識しながらその商標を使用していくことが必要です。

(ii)他人の商標権（独占権・禁止権）の範囲外の商標

他人の商標権（独占権・禁止権）の範囲外の商標（非類似の商標）は、誰かの権利範囲に含まれるわけでもないので、自由に使用できます。詳細は後述しますが、識別力がない商標（例えば、その商品の普通名称や品質を表示する商標）は、原則、商標登録を受けることができません（商標法第三条第一項各号）。つまり、このような商標が他人の登録商標となっている可能性は低いと考えられます。しかし、例えば先述のヤクルトの容器のように本来は識別力がないような商標であっても、使用されたことにより識別力を獲得する場合があります。このような商標は、例外的に登録が認められることがあります（商標法第三条第二項）。この点は注意しておく必要があります。

一方、識別力がある商標であっても、他人の独占権・禁止権の範囲外の商標（例えば、誰も商標登録していない商標）であれば使用できるものの、これも油断は禁物です。なぜならば、現時点では誰の権利範囲内にも入っていなくても、後から誰かがその商標について商標登録してしまう可能性があるからです。その場合は、後発的に他人の商標権を侵害することになります。そうすると、その商標を使用できなくなってしまうので、この点からもあらかじめ早めに商標登録を済ませるべきなのです。

なお、他人の商標権（独占権・禁止権）の範囲内の商標であっても、商標権者からその商標の使用の許諾を受けることができれば使用できます。**使用許諾**についてもひとつの選択肢として考えておくのもよいでしょう。

これらのことを念頭に置き、どのような手段を取ることで、他人の商標権を侵害することなく、安全に商標を使用することができるのか考えてみます。商標を安全に使用するために取り得る手段とその手段が抱えるメリット・デメリットとを表２－１にまとめました。

①すでに保有している登録商標を使用する

一つ目は、あなたがすでに保有している登録商標を使用するかたちです。あなたが保有している登録商標であれば、その専用権の範囲内で独占的に使用できるので、他人の権利を侵害するおそれはなく、もっとも安全とい

表 2-1　商標を安全に使用するために取り得る手段とそのメリット・デメリット

取り得る手段		メリット	デメリット
①すでに保有している登録商標を使用する	➡	・安全性高い ・スピード速い ・ストック商標の活用	・将来の予測困難 ・出願件数増える ・維持費用必要 ・不使用取消審判
②新たに商標登録出願をする	➡	・権利化できれば安全	・権利化が不確実 ・出願費用が必要 ・審査に時間必要
③識別力がない商標を使用する	➡	・費用不要	・差別化困難 ・例外的に登録されている可能性あり
④使用許諾を受けて他人の登録商標を使用する	➡	・安全性高い	・（状況によって）使用料が必要 ・交渉に手間かかる
⑤識別力がある商標を登録しないで使用する	➡	・費用不要	・後発的に他人の商標権を侵害する可能性あり ・他人による模倣

優先順位：高（①）→低（⑤）

えます。さらに、すでに商標登録を済ませてあるので、今すぐに使用できるという点で、スピード感が出てきます。

　また、自社が保有していて使っていないストック商標を有効活用することで、デッドストックとなっている商標を解消することにもつながります。しかし、この方法は将来使用すると思われる商標を事前に登録しておくことが前提となります。将来どのような商標を使用するかを予測することは難しいので、それをカバーするために出願件数が多くなってしまうリスクも他方面での課題となります。また、権利の維持にかかる費用が増加してしまうことや、使用していない商標が後述の不使用取消審判によって取消されてしまうおそれがあるというデメリットもあります。

以上のようなデメリットはあるものの、この方法はビジネスを進めていくうえで安全性とスピード感とを両立させることができるので、最良の方法といえるでしょう。

②新たに商標登録出願をする

二つ目は、使用する商標が決まった時点で新たに商標登録出願をすることです。この方法も権利化できれば、他人の権利を侵害するおそれはないので、ある程度は安全なやり方だといえます。しかし、あなたよりも先に他人が商標登録出願をしていた場合には、商標権を取得できない可能性もあります。そういった意味では、不安要素も存在しています。商標登録出願に伴い、費用面での負担が発生するという点も考慮しなければなりません。

また、出願をしてから登録までには通常だと少なくとも約六〜八カ月必要なので、その点もデメリットになります。新商品を発売するタイミングが、商標登録の完了より早くなれば、発売してから商標登録までの間、権利は発生していないので不安定な状態になってしまいます。逆に商標登録が済むのを待って商品を発売したのでは、ビジネスのスピード感が欠けてしまいます。そこで、事前調査した結果、登録できる可能性が高いと判断した場合は、登録前に使用を開始し商品を販売してもよいでしょう。ただ、この場合でも、あなたが商標登録出願するよりも先に他人が同じ商標登録出願をしていた場合には、他人の出願が商標登録される可能性があるので注意が必要です。

一方で、事前調査した結果、先登録商標※の存在により登録が不安視される場合には、登録されるのを待って使用を開始するのが安全でしょう。

新たに出願する方法が実務ではもっとも多く使われていると思います。ただし、登録と使用のタイミングによっては多少不安が残るので、そのリスクを認識しておく必要があります。

※先登録商標：すでに他人が登録した商標。

③識別力がない商標を使用する

三つ目は、識別力がない商標を使用する方法です。識別力がない商標は、原則として、商標登録を受けることができません（商標法第三条第一項各号）。識別力とは、商標からその商品が誰の業務によるものかを認識でき

表 2-2　識別力がない商標の例

識別力のない商標	事　例
その表品等の普通名称を普通に用いられる方法で表示する標章のみからなる商標	商品「時計」について商標「時計」を使用すること
その商品等に慣用的に用いられる商標	商品「清酒」について商標「正宗」を使用すること
その商品等の産地、販売地、原料、品質等を普通に用いられる方法で表示する標章のみからなる商標	商品「清酒」について商標「うまい」を使用すること
ありふれた氏または名称を普通に用いられる方法で表示する標章のみからなる商標	「ゴルフクラブ」について商標「有賀ゴルフ」を使用すること
極めて簡単かつありふれた標章のみからなる商標	仮名文字 1 文字の商標等
需要者が何人かの業務に係る商品等であることを認識することができない商標	キャッチフレーズ、現在の元号「平成」等

ることをいいます。識別力がない商標は、使用しても自他商品等識別、品質保証、宣伝広告などの商標の機能を十分に発揮できないほか、業務上の信用も化体しにくいです。そのため識別力がない商標は商標登録を受けることができないのです。

識別力がない商標の具体例を表２－２にまとめました。

これら識別力のない商標は、原則として商標登録を受けられないため、誰でも使用できます。逆にいうと、誰でも使用できるため、その商標を使って他社の商品と差別化をするのが難しいということになります。つまり、商標を使って他社商品との差別化を図ろうとする場合には、識別力のない商標を使用することは、あまりよい選択とはいえません。また、識別力がない商標であっても、例外的に商標登録を受けていることがあるので、使用にあたっては念のため注意しておく必要があります。そのような先登録商標があるか否かの調査は弁理士に相談するとよいでしょう。

ところで、食品は食べてみないと品質がお客様に伝わらないという特性があります。そのためお客様にとってわかりやすい商標として、食品の原料や味の特徴を商品名（商標）に採用するケースも多いかと思います。ただし、この場合は普通に用いられる方法で表示すると、識別力がない商標となってしまい商標登録はできません（商標法第三条第一項第三号）。

しかし、特殊なデザインで表示するなど普通に用いられる方法を避ければ識別力を有することになるので、他の要件を満たすことで、登録できるのです。すなわち、食品の原料や味の特徴を示す商標であっても、それをデザイン化することで独自性をもたせ、普通に用いられる方法と線引きをします。また、食品の原料や味の特徴を示す商標に会社のロゴマークを結合させることで、識別力をもたせるという方法も有効です。

このように識別力がない商標であっても、工夫次第で商標登録することも可能です。商標登録しておくことで、あなたのなわばりを明確にできるので、識別力がない商標であっても工夫して商標登録をしておく方がよいでしょう。

④使用許諾を受けて他人の登録商標を使用する

四つ目は、使用許諾を受けて他人の登録商標を使用する方法です。商標権者から事前に許諾を得るので、侵害を免れることはできます。しかし、使用許諾を得るにあたって商標権者と交渉を重ねたり、使用料を支払うこともあるので、手間と費用の面からあまりよい方法とはいえないでしょう。

この方法を選択する場合としては、あなたがすでに使用していた商標が、他人の商標権を侵害していると、後から気付いた場合等が考えられます。この方法は最終手段として使う方がよいでしょう。

⑤識別力のある商標を登録しないで使用する

最後は、識別力のある商標を登録しないで使用する方法です。識別力のある商標は、他の要件を満たせば登録できますが、登録しなくても使用することは可能です。そのため商標登録の費用や手間を省くことができます。しかし、このような商標を登録しないで使用していた場合、後から他人がその商標権を取得したことによって、他人の商標権を侵害するおそれが出てくるので注意が必要です。

また、商標登録をしないまま使用していると、他人があなたの商標のマネをする可能性があります。他人がマネした場合、不正競争防止法で他人がマネするのを止めさせることもできますが、あなたの商標がすでに有名であることを証明する必要があります。つまり、不正競争防止法ではあなたの商標が有名になっていないと、他人のマネを止めさせられないのです。なお、商標法ではあなたの商標が有名であるか否かは問われないので、前もって商標権を取得しておけば、容易に商標権を行使できます。

このように、識別力のある商標を登録しないで使用するということには、デメリットもあるので、識別力があるなら登録したうえで商標を使用する方がよいでしょう。

その商標を使用することができるかどうかについては、必ず専門家である弁理士に相談してください。商標が他人の登録商標と類似するかどうかは、非常に専門的で奥が深い問題だからです。

弁理士に相談するタイミングとしては、商標を使用する前の方が安心です。例えば、どのような名前にしようかという考えがまとまった段階などがよいでしょう。

弁理士に相談すると、その商標を使用することができるか否かという見解を示してくれます。また、その商標を登録することができるか否かという点についてもあわせて見解を示してくれます（詳細は後述しますが、商標の使用ができるということと、登録ができるということは別物なのです）。これらの見解を参考にして、その商標を使用するか否かを最終的に判断するのがよいと思います。

Column 6

先使用による商標を使用する権利

商標登録しないまま商標を使用していると、その商標を後から他人が商標登録してしまう場合があります。このとき「自分の方が先に使用していたのだから、他人の商標権を侵害することはないだろう（先使用による商標を使用する権利（先使用権）があるだろう）」という主張を耳にします。

しかし、商標法でこのような主張をするためには、あなたの使っている商標が需要者の間ですでに広く認識されていること（周知性）が求められます（商標法第三二条）。これは、使用している商標が、相当程度に周知されていなければ保護に値する財産的価値が生じていないものとみられるからです。なお、相当程度に周知な商標とは、全国的に認識されている商標のみならず、ある一地方で広く認識されている商標も含まれます。つまり、先使用権を主張するには、少なくとも一地方で有名であることが必要となります。

すなわち、あまり有名とはいえない商標だと、先使用権を主張することは難しいものと思われます。一方で、有名になっている商標であっても、その商標が需要者の間に広く認識されていると認められるためには、先に商標を使用している側（商標権者ではない側）が、需要者の間に商標が広く認識されていることを証明する証拠（例えば、新聞の掲載記事や販売実績等）を集めて整理する必要があります。これは相当な手間を要する作業です。

商標が有名であるか否かにかかわらず、先使用権を主張することのハードルの高さがわかっていただけたでしょうか。そもそも商標登録をしたうえで商標を使用していれば、その商標を後から他人が商標登録することはできないので、はじめから先使用権を当てにするのではなく、登録の手間はありますが後々のためにきちんと商標登録をしておくことを考えた方がよいでしょう。

なお、特許法における先使用権では、このような周知性は必要とされていないので、同様のケースで特許法の先使用権を主張する際に周知性を証明する必要がありません。

三.「商標登録出願」をどのように考えるか?

「商品名等の検討・決定」の段階で、「その商標を使用しても問題がない」ことを確認したら、次は「商標登録出願」について考えます。ここでは、「その商標は登録できるか否か?」について検討します。この結果、その商標が登録できる可能性が高いと判断した場合は、特許庁に商標登録出願を行います。一方で、使用できる可能性は高いものの、登録できる可能性が低いと判断した場合は、「登録をしないで使用する」もしくは「別の名前を考える」ことになります。そして、商標登録出願をする場合は、次に「権利範囲の広さ」について考えます。

本節では「商標登録出願」の段階で考えるべき「その商標は登録できるか?」という点と、「権利範囲の広さ」について説明します。

(一) その商標は登録できるか?〜登録できる商標とは何か?〜

商標法では、使用できる商標と登録できる商標とを区別して考える必要があります。つまり、使用できる商標であっても商標登録を受けることが

表2-3　商標登録の可否（○×）

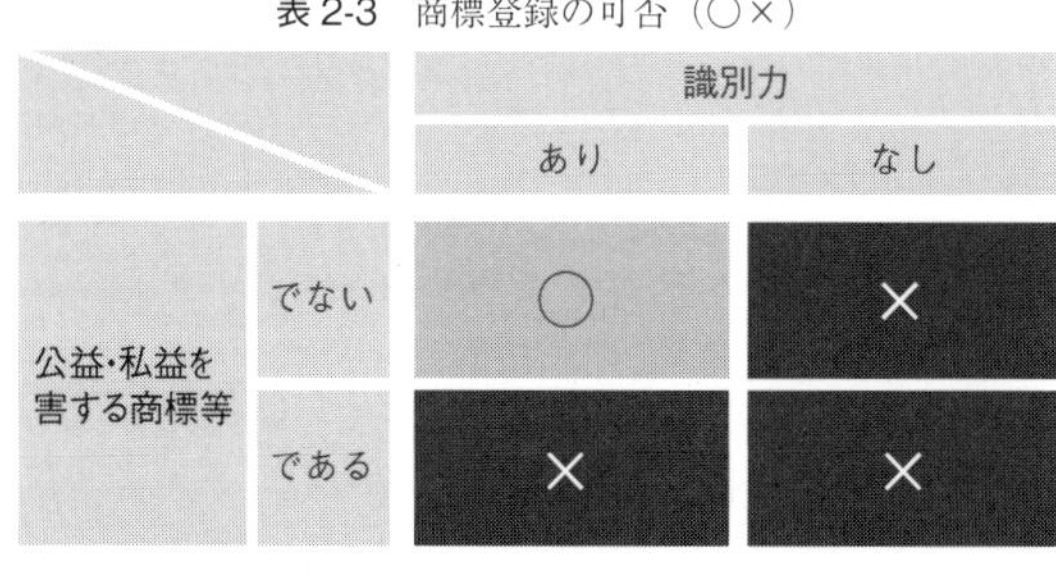

		識別力	
		あり	なし
公益・私益を害する商標等	でない	○	×
	である	×	×

できるとは限らないのです。使用できる商標については、すでに述べました。ここでは、どのような商標であれば登録できるのかを説明します。

登録できる商標とは、識別力があり、かつ、公益・私益を害する商標等でないものです。つまり、商標登録を受けるには、「識別力を有すること」と「公益・私益等を害さないこと」という二つの要件を兼ね備えていることが必要です（表2－3）。なお、先述の通り識別力がない商標は使用にあたっては問題がないので、使用できる商標と登録できる商標とは、別個に考える必要があります。

（二）その商標は登録できるか？～識別力がある商標とは何か？～

識別力がない商標については、すでに述べました（表2－2：六九頁）。当然ですが、識別力がある商標はこれに該当しないものを指します。すなわち、表2－2に該当しないものが識別力がある商標です。

（i）すべての普通名称は、登録されないのか？

普通名称か否かは、指定商品等との関係で考える必要があります。

すなわち、商標登録されないのは、「その商品等」の普通名称なので、これ以外であれば商標登録を受けられます。

例えば、商品「時計」について、商標「時計」という名前について考えてみます。この場合、商標「時計」は、商品「時計」の普通名称なので、識別力はありません。しかし、商品「時計」にバナナの普通名称「バナナ」を商標として出願した場合は、登録されます。それは、商標「バナナ」が商品「時計」の普通名称ではないからです。

ちょっとややこしいですが、重要なことなので、理解しておくと実務で役立つはずです。

(ii)品質を暗に表示する商標は登録される

先述の通り、食品は食べてみないと品質がお客様に伝わらないという特性があります。そこで、お客様にとってわかりやすい商標として、食品の原料や味の特徴を商品名(商標)として採用を検討するケースも多いかと思います。この場合は普通に用いられる方法で表示すると、識別力がない商標として商標登録することはできません(商標法第三条第一項第三号)。これに対して商標をデザイン化することで、外観に特徴をもたせて識別力をもたせるという方法はすでに述べました。ここでもうひとつの裏ワザをご紹介します。

それは、**品質等を暗に表示する商標は登録することができる**、というものです。考えた名前が、直接的に食品の原料や味の特徴などを普通に用いられる方法で表示する商標だった場合、その**略称**を用いることで、食品の品質等を暗に表示する商標となり得ます。単純でわかりやすい略称を見つけることで登録できる可能性を上げることができます。

私見ですが、食品におけるよい商標というのは、**名前を聞いただけで商品の特性がわかり、かつ、識別力がある商標**だと思います。このような商標は、お客様にとってわかりやすい商標であるうえに、商標登録もでき他社の製品と差別化可能だからです。

ところが「商品の名前を聞いただけでその商品の特性がわかる商標（例えば、食品の原料や味の特徴を普通に用いられる方法でそのまま表示した商標）」というのは、識別力がありません。一方、「識別力がある商標（例えば、造語）」というのは、その名前を聞いただけではその商品の特性を理解することができません。つまり、「商品の名前を聞いただけでその商品の特性がわかる」ことと「識別力がある」こととは、本来相反するものです。

そこで、「商品の名前を聞いただけでその商品の特性がわかる」ことと、「識別力がある」ことを両立させるために、お客様の想像力を利用します。このように人の想像力を利用した商標こそが、略称の活用です。

例えば、「じゃがいもを使った辛い味の料理」の略称である「辛じゃが」という造語の名前について考えてみます。「辛じゃが」という名前に触れたお客様は、「『辛じゃが』というのは、『じゃがいもを使った辛い味の料理』のことではないか?」と想像力を働かせます。こうしてお客様に商品の特性を伝えることができます。

一方で、「辛じゃが」という言葉は造語です。そして、「辛じゃが」という名前は、「じゃがいもを使った辛い味の料理」という品質等を暗に表示する名前ではあるものの、直接的に商品の品質等を表示するものではありません。また、「辛じゃが」は普通名称や慣用的に用いられる商標などではないので、識別力があるものと考えられます。

単なる略称とはいえ「名前を聞いただけで商品の特性がわかり、かつ、識別力がある商標」となる可能性があります。つまり、使用する商品名等を検討し、商標登録出願をしようとする際は、その略称についても思考をめぐらせておくことが大切です。

(三) その商標は登録できるか？～公益・私益を害する商標等ではない商標とは何か？～

次に、もうひとつの登録要件である「公益・私益等を害する商標等ではない商標」について説明します。

商標法では、第四条第一項各号に登録することができない商標（不登録事由）として、公益・私益を害する商標等が挙げられています。具体的には、公益・私益を害する商標等としては、以下の商標が挙げられます。

- ・国旗、菊花紋章等
- ・国の紋章、記章等
- ・国際連合、国際機関の標章
- ・赤十字の標章または名称
- ・パリ条約同盟国等の印章または記号
- ・国、地方公共団体等の著名な標章
- ・公序良俗に反する商標

・他人の氏名または名称等
・展覧会の賞
・他人の周知商標
・**先願に係る他人の登録商標**
・他人の登録防護標章※
・種苗法で登録された品種の名称
・商品または役務の出所の混同を生じる商標
・**商品の品質または役務の質の誤認を生じるおそれがある商標**
・ぶどう酒または蒸留酒の産地を表示する商標
・商品または商品の包装の機能を確保するために必要な立体的形状のみからなる商標
・他人の周知商標と同一または類似で不正の目的をもって使用する商標

※登録防護標章：著名な登録商標の出所の混合を防止する目的の制度（防護標章制度）に基づいて登録された標章（三二頁）のこと。

以上の十八項目に該当する商標は、公益・私益を害する商標等として登録を受けられません。逆にいうと、識別力がある商標であって、かつ、これらの項目に該当しない（公益・私益を害さない）商標であれば、登録を受けられるということになります。

この中で、商標登録出願をした場合に登録できない理由（拒絶理由）として挙げられる頻度が多いものは「先願に係る他人の登録商標」、「商品の品質または役務の質の誤認を生じるおそれがある商標」です。そこで、これら二つを詳しく説明します。

(i)先願に係る他人の登録商標

先願に係る他人の登録商標と同一または類似の商標であって、その登録商標の指定商品等と同一または類似する商標は、商標登録を受けることができません（商標法第四条第一項第十一号）。つまり、すでに他人が商標登録を受けていたら、それと同一または類似範囲では商標登録を受けることができません。すなわち、商標登録出願は早い者勝ちなのです。だから、商標登録出願を検討している場合は、なるべく早く出願をする必要があります。

一方、先願に係る他人の登録商標を使用すると、他人のなわばりの範囲内で商標を使用することになるので、商標権の侵害になります。そのため商標を使用する前には、先願に係る他人の登録商標が存在するか否かを弁理士に依頼して調査しておく必要があるということは、すでに述べた通りです。弁理士は、登録商標に関するデータベースを利用して、先願に係る他人の登録商標の有無を調査します。つまり、この調査をしておけば、あなたの商標登録出願が拒絶されるか否かもわかります。この点からも、事前調査が重要であることをご理解いただけるかと思います。

(ii) 商品の品質または役務の質の誤認を生じるおそれがある商標

商品の品質または役務の質の誤認を生じるおそれがある商標は、商標登録を受けることができません（商標法第四条第一項第十六号）。識別力がある商標であっても、商品等との関係で紛らわしい表示をして、商品等の本当の品質等に関して誤解を招くような商標は、需要者（お客様）の利益を害してしまうからです。

こうした商標の例として特許庁の公表している「商標審査基準」に挙げられているのが、指定商品「野菜」についての商標「ＪＰＯポテト」ですす（図２－３）。この場合、商標中に「ポテト」の文字が含まれているの

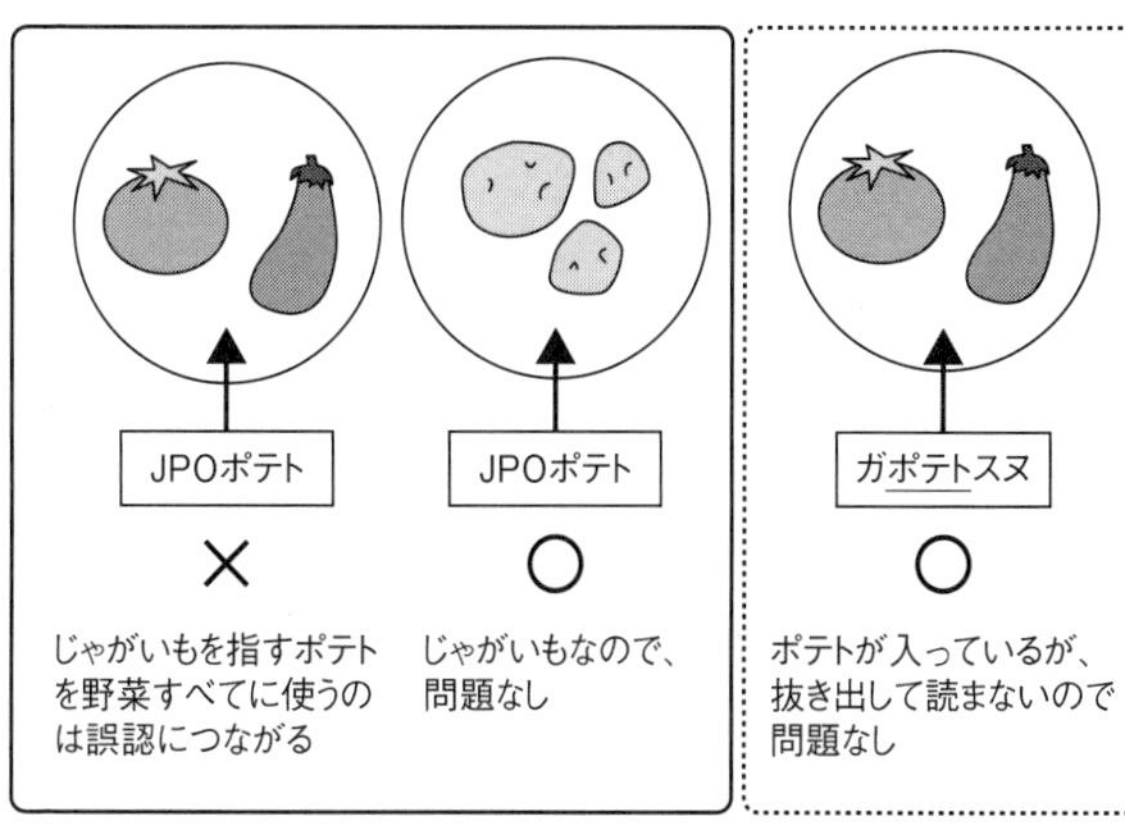

図2-3　商品の品質または役務の質の誤認を生じるおそれがある商標の例

で、商標が表す商品の品質は、「普通名称としてのじゃがいも」であると考えられます。この「じゃがいも」は、指定商品「野菜」とは関連する商品であり、また、指定商品中「じゃがいも以外の野菜（例えばトマトやナスなど）」が有する品質とは異なります。すなわち、商標「ＪＰＯポテト」をトマトやナスなどのじゃがいも以外の野菜に使用すると、商品の品質を誤認させるおそれがあります。したがって、指定商標「ＪＰＯポテト」を商品「野菜」について商標登録することはできません。

このような問題が生じているのは、指定商品を「野菜」という広い範囲を対象としていることが原因です。つまり、じゃがいも以外のトマトやナスも含まれる「野菜」を指定商品とするのではなく、指定商品を「じゃがいも」としておけばこのような問題は生じません。したがって商品の品質または役務の質の誤認を生じるおそれがある商標について商標登録出願をする場合は、指定商品・指定役務の範囲を広げすぎないことが重要です。

なお、商標中に「ポテト」の文字が含まれていたとしても、指定商品「野菜」について商品の品質等の誤認を生じさせることなく適正に表示されている場合は、商品の品質または役務の質の誤認を生じるおそれがある商標には該当しません。このような例としては、指定商品「野菜」についての商標「ガポテトスヌ」（仮の造語です）が挙げられます。この場合、商標「ガポテトスヌ」中には「ポテト」の文字が含まれていますが、「ガポテトスヌ」という造語の中から「ポテト」の文字だけを取り出すことは不自然です。したがって、このような場合は商標登録することができると考えられます。

7

Column

事前調査の意義（事前調査で弁理士は何を考えているか）

商標の使用や商標登録出願をする前には、その商標を使用できるか、そして商標登録できるか、という点で事前調査をすることが大事だというのは、すでに本文で説明しています（八三頁）。事前調査をするときに私たち弁理士は、その商標の使用や商標登録の可否を検討するだけでなく、登録できない理由（拒絶理由）がある場合には、どのようにしたら登録できるかという対策もあらかじめ考えています。すなわち、特許出願をした後に特許庁の審査官から拒絶理由が通知された場合にはどのような対応をすべきか、そもそも出願前に想定される拒絶理由をなくす手立てがないか、いろいろと先を見据えています。こうしておけば拒絶理由が通知された場合でも、場当たり的な対応をしなくて済むからです。

私の場合も含めほとんどの弁理士は、事前調査の報告書には想定される拒絶理由と、その対策案とを記載しています。事前調査の段階から弁理士に相談し、その事前調査の報告書に基づいて、商標登録出願から権利化までの方向性を決めていくのがよいでしょう。また、出願後もその弁理士とコミュニケーションをとりながら権利化までの手続を進めていくことで、拒絶理由が通知された場合であっても一貫性のある行動を取れると思います。

8

Column

商標の類似・非類似

すでに登録されている他人の登録商標と、あなたの商標とが類似しているか否かは、その外観（見た目）、称呼（呼び方）または観念（意味）等によって需要者（お客様）に与える印象、記憶、連想等を総合して全体的に観察し、あなたの商標を他人の登録商標の指定商品等に使用した場合に出所混同のおそれがあるか否かにより判断されます。ここでは特許庁が公表している「商標審査基準」をもとに例を挙げて説明します。興味のある方はこちらも参照してみてください。

まず外観とは、商標に接する需要者が視覚を通じて認識する外形のことをいいます。外観が似ている商標の例としては、「Japax」と「JapaX」とのように、語尾の一文字だけが大文字か小文字かのわずかな差で外観全体では近似した印象を与えるものなどが、挙げられています。

称呼とは、商標に接する需要者が取引上自然に認識する音のことをいいます。称呼が似ている商標の例としては、「モガレーマン」と「モガレマン」とのように相違する音が長音「ー」の有無にすぎないものなどが示されています。

最後に観念とは、商標に接する需要者が取引上自然に認識する意味または意味合いのことをいいます。観念が似ている商標の例としては、「でんでんむし物語」と「かたつむり物語」などが挙げられています。これは、「でんでんむし」と「かたつむり」がいずれも同じ意味を表すものと一般に認識されているために、商標の観念が近似しています。

商標が類似しているか否かの判断は、素人ではとても難しく、専門の弁理士に意見を求めることをお勧めします。

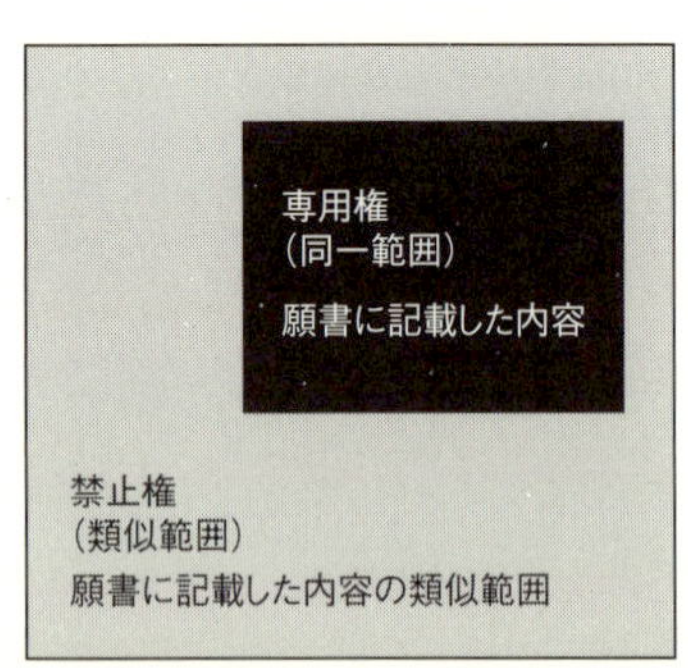

図 2-4　願書に記載した内容が専用権の範囲になる

（四）権利範囲の広さ〜出願する商標をどのように考えるか？〜

事前調査の結果、登録できる可能性が高いと判断した場合は、いよいよ出願の準備です。出願に際して、出願する商標と指定商品・指定役務について考える必要があります。すでに述べたように、商標権（専用権・禁止権）の権利範囲は、商標と指定商品・指定役務とによって決められます。この商標と指定商品・指定役務とは、商標登録出願の願書に記載された内容に基づいて決められます。したがって、商標と指定商品・指定役務のそれぞれを願書にどのように記載するのか、十分な検討が必要になります。本項ではまず出願する商標についての考え方を説明します。

商標の類似範囲は、願書に記載された内容に基づいて決められると述べましたが、いいかえると、願書に記載した商標を指定商品・指定役務として使用する場合の範囲が専用権の対象で、それに類似する範囲が禁止権の対象にあたります（図２－４）。したがって、願書に記載する内容は、もっとも大事な権利範囲を記載しなければいけません。もっとも大事な権利範囲とは、あなたが「**実際に使用する商標**」そのものです。

つまり、何度もくり返していますが、商標権を取得する目的は「なわばりの範囲を明確化し、それによってあなたの強みを発揮できるビジネス活動の範囲を定義すること」にあります。そのため、願書に記載する商標は、あなたの強みを発揮させたいビジネス活動の範囲である「実際に使用する商標」となります。「実際に使用する商標」については、その表示方法で記載します。例えば、あなたが「実際に使用する商標」がカタカナであれば、商標登録を受けようとする商標をカタカナで願書に記載します。一方、色彩がある図形であれば、その色彩が施された図形を願書にそのまま記載します。

ところで、商標登録出願には「**一商標一出願**」の原則があります（商標法第六条第一項）。すなわち、一つの商標登録出願では、一つの商標しか出願することができません。そのため、似たような商標を複数出願しようとすると、複数の商標登録出願をする必要があり、その分だけ費用がかさんでしまいます。したがって、出願する商標を絞り込んでおく必要があります。

例えば、商品開発の段階では、同じ商品名を使って複数のデザイン案を作成するのが一般的な方法です。その複数のデザインの中から、商品コンセプトにもっとも合ったものを製品のデザインに採用することが多いでしょう。この場合、同じ商品名であっても、デザインごとに商品名の表示方法が、カタカナになったり、ローマ字になったりすることがあります。

このように想定される商品名の表示方法すべてについて、商標登録出願をしていたのでは、手間と費用がかかってしまい効率的ではありません。そのため、実際に用いる使用態様の商標が決まっている場合は、その使用態様の商標をそのまま商標登録出願をするのがよいでしょう。一方で、実際に使用する使用態様が決まっていない場合は、使用する可能性がもっとも高いと予想される使用態様の商標を出願するのがよいと思います。

なお、出願した商標と異なる使用態様の商標を使用する場合は、それらが類似していれば、禁止権の範囲での使用となります。したがって、使用に支障はないので、改めて出願し直す必要はないとも考えられます。しかし、なわばりの範囲を明確化するという目的からすると、実際に使用する態様で出願し直すのがベストでしょう。

（五）権利範囲の広さ〜指定商品・指定役務をどのように考えるか？〜

出願する商標が決まったら、次に考えなければいけないのは、指定商品・指定役務の範囲をどうするか、ということです。本項では指定商品・指定役務についての考え方を説明します。

(i)指定商品・指定役務とは何か？

先述の通り商標登録出願の願書には、登録を受けようとする商標のほか、その商標を使用する商品（指定商品）やサービス（指定役務）を記載する必要があります。

特許庁では、世の中に存在するほとんどの商品やサービスを分野別に第一類〜第四五類に分類しています。例えば、第一類には「工業用、科学用、写真用、農業用、園芸用及び林業用の化学品；未加工人造樹脂、未加工プラスチック；肥料；消火剤；焼戻し剤及びはんだ付け剤；食品保存用化学剤；なめし剤；工業用接着剤」が分類されています。**この分類（第一類）のことを「区分」と呼びます。**

商標登録出願をする際には、願書に指定商品・指定役務を記載し、その指定商品・指定役務がどの区分に分類されているかを記載する必要があります。一つの区分に収まらず複数にまたがるときはすべてを記載します。なお、登録する区分の数に応じて特許庁や弁理士に支払う費用が増えます。

例えば、第一類の「食品保存用化学剤」には「01A01」というコード番号が付けられています。このコード番号は、**類似群コード**と呼ばれ、区分をもとにすべての商品やサービスに付けられています。この類似群コードが同じ商品やサービスは、特許庁の審査において類似するものと推定して取り扱われます。例えば、商品「料理用ペクチン」の類似群コードは「01A01」なので、「料理用ペクチン」と「食品保存用化学剤」とは類似する商品となります。

(ii) 食品関連産業に関連する指定商品・指定役務

ここでは、食品関連産業に関連のある主な指定商品・指定役務を紹介していきます。なお、これらの指定商品・指定役務は、特許庁が公表している「類似商品・役務審査基準〔国際分類第十一－二〇一七版〕」を参考にして、食品関連産業に関連しそうな指定商品・指定役務の部分だけを抜粋してまとめています。

第一類　食品保存用化学剤
※食品工業用添加物が含まれます。
【参考例】栄養補助食品製造用酸化防止剤、栄養補助食品製造用たんぱく質、栄養補助食品製造用ビタミン、カゼイン（食品工業用添加物）、酵素剤（食品工業用添加物）、茶エキス（食品工業用添加物）等

第二類　食品用及び飲料用の着色料
【参考例】カラメル色素（食品用色素）、リキュール用色素等

第三類　精油
【参考例】精油からなる飲料用香料、精油からなる食品用香料等

第五類　食餌療法用食品・飲料・薬剤（獣医科用のものを含む。）、乳児用食品；人用栄養補助食品・動物用の栄養補助用飼料添加物（薬剤に属するものを除く。）

【参考例】乳児用粉ミルク、クロレラを主原料とする粒状の加工食品、プロポリスを主原料とするサプリメント、脂肪が均質化された医療用食品、糖尿病患者用パン、乳児用食品等

第二九類 食肉、魚、家禽肉及び食用鳥獣肉、肉エキス、保存処理、冷凍・乾燥処理及び調理をした果実及び野菜、ゼリー、ジャム、コンポート、卵、ミルク及び乳製品、食用油脂
※主として動物性食品および野菜その他の食用園芸作物が分類され、食用または保存用の処理をしたものが含まれます。
【参考例】食用オリーブ油、食用牛脂、牛乳、チーズ、牛肉、鶏肉、鶏卵、まぐろ（生きているものを除く。）、冷凍野菜、冷凍果実、コロッケ、ソーセージ、かまぼこ、水産物の缶詰、かつお節、寒天、乾燥果実、野菜の漬物、ジャム、豆腐、納豆、乾燥卵、即席カレー、即席スープ、お茶漬けのり、ふりかけ、きんざんじみそ、小豆、大豆、料理用アルブミン等

第三〇類 コーヒー、茶、ココア及び代用コーヒー、米、タピオカ及び

サゴ、穀粉及び穀物からなる加工品、パン、ペストリー（生地）及び菓子、氷菓、砂糖、はちみつ、糖みつ、酵母、ベーキングパウダー、食塩、マスタード、食酢、ソース（調味料）、香辛料、氷

※主として植物性食品に入り、食用または保存用の処理をしたものおよび食品の香味を改良するための補助的な材料が含まれます。

【参考例】ソーセージ用結着材、菓子用ミント、精油以外の食品用香味料、緑茶、茶飲料、コーヒー飲料、コーヒー豆、氷、和菓子、洋菓子、食パン、あんぱん、サンドイッチ、中華まんじゅう、ハンバーガー、ピザ、ホットドッグ、みそ、ウースターソース、しょうゆ、そばつゆ、ドレッシング、砂糖、食塩、すりごま、うま味調味料、カレー粉、こしょう粉、アイスクリームのもと、うどんの麺、スパゲッティの麺、チョコレートスプレッド、ぎょうざ、すし、たこ焼き、弁当、こうじ、ベーキングパウダー、ゼリーのもと、ホットケーキのもと、パスタソース、食用酒かす、米、食用グルテン、食用

小麦粉、食用コーンスターチ等

第三一類

未加工の農業・水産養殖業・園芸及び林業の生産物、生及び半加工の穀物及び種子、生鮮の果実及び野菜、生鮮のハーブ、自然の植物及び花、生きている動物、麦芽

※主として食用の処理をしていない陸産物および海産物（野菜など）、生きている動植物（生きている食用魚介類など）が含まれます。

【参考例】あさり（生きているものに限る。）、海藻類、トマト、さつまいも、茶の葉、さとうきび、いちご、みかん、麦芽、ホップ、麦等

第三二類

ビール、ミネラルウォーター、炭酸水及びその他のアルコールを含有しない飲料、果実飲料、シロップその他の飲料製造用調製品

※主としてアルコールを含有しない飲料のほか、ビールが含まれます。

【参考例】ビール、清涼飲料、果実飲料、乳清飲料等

第三三類　アルコール飲料（ビールを除く。）

【参考例】焼酎、清酒、みりん、洋酒、果実酒、酎ハイ、中国酒、薬味酒等

第三五類　他人の便宜のために各種商品を揃え（運搬を除く）、顧客がこれらの商品を見、かつ、購入するために便宜を図るというサービス

※小売店、卸売店、自動販売機、カタログによる注文またはウェブサイトもしくはテレビのショッピング番組などの電子メディアによって提供される場合が含まれます。つまり、小売店等で食品を販売するというサービスの提供が該当します。

【参考例】飲食料品の小売または卸売の業務において行われる顧客に対する便益の提供等

第四三類　飲食物の提供、一時宿泊施設の提供

※主として消費のための飲食物を用意することを目的とする人または事業所が提供するサービスのほか、一時宿泊施設を提供しているホテル、下宿屋または他の事業所において、ベッドや食事を得るために提供されるサービスが含まれます。

【参考例】ホテルにおける宿泊施設の提供、日本料理を主とする飲食物の提供、西洋料理を主とする飲食物の提供、アルコール飲料を主とする飲食物の提供、茶・コーヒー・ココア・清涼飲料または果実飲料を主とする飲食物の提供等

このように食品関連産業といっても取り扱う商品やサービスが異なれば、指定商品・指定役務の区分が異なります。例えば、農業を行い野菜を販売する方であれば第三一類、加工食品を製造販売するメーカーであれば第二九類や第三〇類、食品を取り扱う小売業者・卸売業者であれば第三五類、料理を提供する飲食店であれば第四三類に含まれる指定商品・指定役務を中心にしてそれぞれ対象となる区分を選択します。

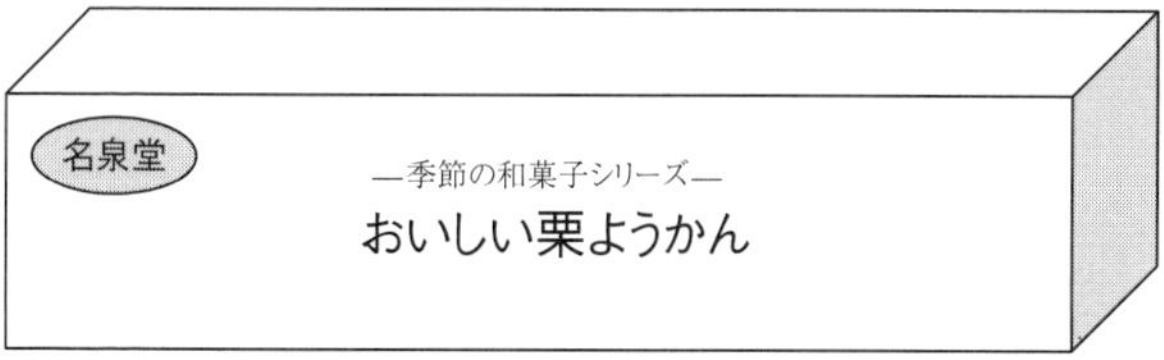

名泉堂
—季節の和菓子シリーズ—
おいしい栗ようかん

図 2-5　ようかんにおける商標の使用例

(iii) 用途別にみた商標の種類

指定商品・指定役務を決めるうえで、「その商標をどのように使うのか?」ということをあらかじめ想定しておく必要があります。ここでは商標の使い方からみた商標の種類について説明をします。

図2－5に和菓子屋がこれから製造販売を始める「栗ようかん」についての商標の使用例を挙げます。ここには、三つの商標が表示されています。まず、お店の名前として「名泉堂」、商品のシリーズ名を指す「季節の和菓子シリーズ」、最後に商品名として「おいしい栗ようかん」です。

和菓子屋の名前である「名泉堂」は、栗ようかんに限らず、そのお店で製造販売される桜餅や柏餅など和菓子全般に使用されます。このような商標を**ハウスマーク**と呼びます。

商品のシリーズ名である「季節の和菓子シリーズ」は、春の桜餅、夏の水まんじゅう、秋の栗ようかんのように、季節ごとに販売される和菓子に使用されます。このような商標を**ファミリーネーム**と呼びます。

商品名である「おいしい栗ようかん」は、その物ずばりの「栗ようかん」にのみ使用されます。このような商標を**ペットネーム**と呼びます。なお、例えば栗の量を倍増しスペックを変更した商品には、「とってもおいしい栗ようかん」のように別の商品名が使用されます。

このように、ひとことで商標といっても使い方によってハウスマーク、ファミリーネーム、ペットネームの三種類に分けられます。

ⅳ商標の種類による指定商品・指定役務の選び方

くり返しになりますが、商標権を取得する意味は「商標権を取得することでなわばりの範囲を明確化し、それによってあなたの強みを発揮できるビジネス活動の範囲を定義すること」です。つまり、あなたは自分のビジネス活動の範囲（商標を使用する範囲）を常に意識しながら、指定商品・指定役務を選ばなくてはいけません。

指定商品・指定役務を選ぶ際には、商標を使用する範囲を考慮しつつ、指定商品や指定役務をなるべく幅広く指定して権利化するという考え方が根底にあります。これにより権利範囲が広くなるからです。しかし、使用する予定のない商品や役務の区分について権利をもっていても、費用がかさむというデメリットもあります（費用は区分ごとに発生します）。また、三年以上使用していなければ、不使用取消審判によって、取消されてしまう可能性もあります。そのため適切な範囲で権利を取得することが重要です。

表2-4　商標の種類と取得する権利範囲の広さ

商標	指定商品・指定役務
ハウスマーク	現在・将来の会社の業務範囲全般
ファミリーネーム	使用する商品のカテゴリー全般
ペットネーム	使用する商品 ＋ 他の用途

（広 ↑ 指定範囲 ↓ 狭）

この適切な範囲は商標の種類によって変わってきます。すなわち、出願しようとする商標がハウスマークなのか、ファミリーネームなのか、それともペットネームか、三つの立場によって考え方が変わってきます。具体的には、商標登録出願をしようとする商標をどのように使うのかを考え、それが三つのうちどれに該当するかを明確に区分けして、それに基づいて、指定商品・指定役務の範囲を決めていきます。これを整理したのが表2－4です。

商標登録出願をしようとする商標がハウスマークであれば、その会社が取り扱うであろうと思われる商品・役務全般についての権利を取得しなければなりません。先述の「栗ようかん」の例であれば、ハウスマーク「名泉堂」は、和菓子屋の業務全般が指定商品・指定役務となります。そして、和菓子の製造販売をしているのであれば「菓子」を指定商品に入れます。

これに加えて、現在の業務範囲だけでなく、将来の事業についても指定商品・指定役務を考えておく必要があります。例えば、今後はお店で売っているようかんをお客様が自宅でも作れるように、ようかんのもとを販売しようと計画しているのなら、指定商品として「即席菓子のもと」を加えておく必要があります。また、和菓子によく合うお茶も販売する予定があるならお茶も指定商品に含めなくてはいけません。さらに和菓子を提供するカフェをあわせて開きたいと考えているのであれば、サービスを対象とした指定役務として「飲食物の提供」を含めておくことになります。

つまり、ハウスマークを商標登録しようとする場合は、事業の展望を考えて全般にわたって幅広く指定商品・指定役務を指定することになります。したがって、ハウスマークの指定商品・指定役務の範囲は、広くなります。なお、商標登録出願では、出願後に指定商品・指定役務を追加することができません。そこで、後から指定商品・指定役務を追加したくなった場合は、新たに別の商標登録出願をする必要があります。しかし、費用が新たに発生したり、複数の権利を管理する場合には、手間がかかったりするので、できるだけ出願当初から先を見越して一つの出願にまとめておくことをお勧めします。

商標登録出願をしようとする商標がファミリーネームであれば、使用する商品・役務のカテゴリー全般で権利を取得する必要があります。先述の

「季節の和菓子シリーズ」であれば、春の桜餅、夏の水まんじゅう、秋の栗ようかんなどを含むカテゴリーである「菓子」を指定商品とするだけで足ります。ファミリーネームの指定商品・指定役務の範囲は、ハウスマークと比べると狭くなります。

また、商標登録出願をする商標がペットネームであれば、使用する商品・役務について権利化することになります。先述の「おいしい栗ようかん」であれば、指定商品はファミリーネーム同様に「菓子」になります。そのため、ペットネームの指定商品・指定役務の範囲も、ハウスマークと比べると狭くなります。

ところが、ファミリーネームと違いペットネームの指定商品・指定役務では、もう少し深く考えておく必要があります。つまり、その商品やサービスに別の用途がないか、ということです。ただし、ここで例に挙げた「ようかん」であれば、他の用途に用いられる可能性はあまり高くないかもしれません。

そこで、改めてジャムを例に挙げて考えてみます。ジャムは、ジャムそのものとしてだけでなくパンやヨーグルトなどにも味付けの材料として使われます。この場合、指定商品に「パン」、「ヨーグルト」なども含めておくことで、そのジャムを使用した商品にまで商標権の範囲（なわばりの範囲）を広げることができます。

ジャムを使用した商品にまで商標権の範囲（なわばりの範囲）を広げておくことによって、次のようなメリットがあります。例えば、そのジャムを他人のパン屋に販売し、それを使用したパン（ジャムパン）にあなたの商標を使用することを許諾（使用許諾）できます。ジャムの商標が有名であれば、パン屋はその商標を使うことでその人気にあやかってさらにお客を集めたいと考えます。このような場合に商標について使用許諾の交渉の機会をもち商標の使用料を得たり、ジャムを高値で安定的にパン屋に販売することもできます。

したがって、ペットネームについては、基本的には使用する商品・役務を指定商品・指定役務に含ませればよいのですが、使用する商品・役務に他の用途が考えられる場合は、その用途についてもあらかじめ指定商品・指定役務に含ませておくことが最善策といえます。

ここまで説明した通り、商標登録出願をするにあたり、まず商標がどのように使われるのかを十分に検討し、指定商品・指定役務の範囲を決定します。これによって、ファミリーネームやペットネームで極端に広い範囲で指定商品・指定役務を指定してしまうムダや、ハウスマークなのに極端に狭い範囲で指定商品・指定役務を指定するムラをなくすことができます。

ムダのない権利取得をすることで、商標登録出願や商標権の維持にかかる費用を抑えたり、商標権を管理する手間を省略することができます。また、ムラのない権利取得をすることで、あなたが商標を使用する範囲に他人が入り込む余地をなくすことができ、商標権の範囲（なわばりの範囲）にスキがなくなります。したがって、**商標権を取得する際には、ムダ・ムラのない権利取得を目指さなくてはいけません**。そして、ムダ・ムラのない権利取得を実現させるためには、商標登録出願しようとする商標がどのように使われるかを前もって考えたうえで、指定商品・指定役務を決定することが重要なのです。

注：本項で例に挙げた「季節の和菓子シリーズ」、「おいしい栗ようかん」という商標は、いずれも商品の品質等を表示するもので識別力がないため、商標登録することができる可能性は低いと考えられます。ここでは参考例として提示しています。

9

Column

不使用取消審判

商標登録したものの三年以上使用していない場合、他人が特許庁に不使用取消審判を請求することによって、その商標が取消されてしまう可能性があります（一〇二頁）。商標法は、商標に化体した業務上の信用を保護するものなので、商標が使用されていなければ保護すべき業務上の信用が存在しないからです。つまり、本来、商標は使用をしているからこそ保護を受けられるのであって、使用しなければ取消されてもやむを得ないのです。

そこで、商標権の範囲（あなたのなわばりの範囲）をできるだけ広げておこうとして、まったく使用する予定がない指定商品・指定役務について商標登録しても、不使用取消審判の対象となってしまうので、あまりお勧めはしません。すなわち、使用する予定がない指定商品・指定役務について権利取得してもムダになる可能性があるのです。

個別の事情にもよりますが、例えば、食品メーカーのハウスマークであれば、食品に関連する指定商品・指定役務（第一〜三、五、二九〜三三、三五、四三類）（九四頁）の範囲を越える商品等を指定商品・指定役務に含ませる必要性は少ないと思います。

このように不使用取消審判の観点からみても、商標登録出願しようとする商標をどのように使う（使われる）のかをあらかじめ想定したうえで指定商品・指定役務を決定するということは、ムダをなくすのにも重要だということがわかります。

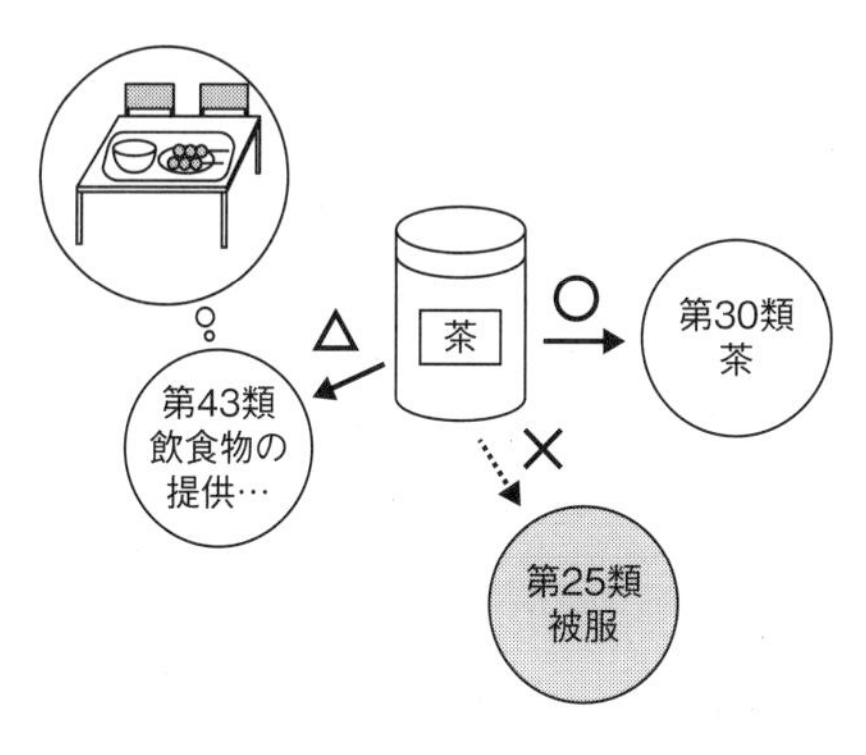

(六) 権利範囲の広さ～外国への出願をどのように考えるか?～

日本で取得した商標権は、日本国内でしか効力が及びません。そこで、日本以外の国でも商標を保護しようとする場合は、保護を受けようとする国で商標権を取得する必要があります。すべての国で商標権を取得すれば全世界で保護されますが、費用や手間の観点から考えて現実的ではありません。本項では外国への出願についての考え方を説明します。

まず考えなければならないことは、「どの国で、どのようなかたちで販売するのか?」ということです。すなわち、日本で生産した商品を外国で販売するのか、それとも外国で生産した商品を日本で販売するのかという考えをまとめておく必要があります。

日本で生産した商品を輸出して外国で販売するケースや日本流のサービスを外国で提供する予定がある場合は、その国で商標権を取得しておく必要があります。一方で、極端な話をすると、外国での商品の販売やサービスの提供を考えていなければ、たとえ外国で模倣品が出回ったとしても損害は発生しないはずです。仮にその模倣品が日本国内に入ってきた場合は、日本の商標権で模倣品を排除することで、あなたの商標を保護するという目的は達成できます。つまり、外国で商品の販売やサービスの提供を行う予定がない場合は、外国で商標権を取得する必要はないと割り切って考えてよいでしょう。（外国で模倣品が出回るというのは、感情的には納得いかないかもしれませんが……。また、外国で売っていれば儲かったのにという心情が湧くかもしれませんね。）

外国で生産した商品を日本で販売する場合も、その国で商標権を取得しておくことを考える必要があります。食品関連産業の場合、外国に生産拠点をもっている会社も多いですが、そのような場合は生産拠点がある国でも商標権の取得を考えるべきです。国によっては製品にその商標を付ける行為が、商標の使用に該当するからです。その際に商標権をもっていれば、商品の生産行為によって他人の商標権を侵害するという心配がなくなり、安心して商品を生産できます。生産拠点のある国でも商標権を取得するという点は盲点になりやすいので、特に注意が必要です。

なお、国によって商標法の中身や社会環境は、異なります。そのため、日本で登録できた商標であっても、外国で登録できるとは限りません。例えば、日本では造語としてとらえられ識別力を有する言葉でも、他の国（現地の言語）では商品の品質を示すような識別力がない言葉となる場合があります。このようなケースは、その国では登録することができない可能性があるので、留意しておく必要があります。

このような事態を避けるために、外国に出願する際も、日本の場合と同様に事前調査をしておく必要があります。事前調査も日本の弁理士に相談すれば、その弁理士が現地の弁理士とやり取りをして、結果を報告してくれます。つまり、日本の弁理士が窓口になってくれます。また、出願についても同じで、日本の弁理士に出願を依頼しておけば、後は現地の弁理士と協力して手続を進めてくれます。

なお、日本の特許事務所には海外への出願について対応していない事務所もあります。事前に確認が必要です。

10

Column

Ⓡの使い方

Ⓡは、登録商標を慣用的に表し、商標を使う際に付けることは、本文（一三〇頁）で説明しています。

一方で、商標法第七四条第一号では、登録商標以外の商標を使用する場合に、登録商標やこれと紛らわしい表示を付けることは禁止されています。この規定に違反すると、三年以下の懲役または三〇〇万円以下の罰金に処されます（商標法第八〇条）。すなわち、登録商標ではないのに勝手にⓇを付けると処罰されるおそれがあるので、注意しなければいけません。

登録商標とは、登録された商標と同一のものをいいます。そのため、登録された商標と同じ文字や単語であっても、その書体などが異なっていれば登録商標とはいえません。したがって、登録された商標について書体などの変更を加えて商標を使用する場合は、Ⓡを使うことはやめておいた方がよいでしょう。また、商標登録出願をして特許庁で審査中の商標は、当然ですが登録商標とはいえません。つまり、この段階で商標にⓇを付けることもやめておきましょう。

11

Column

海外の特許事務所からの案内

企業において知的財産関連の仕事をしていると、外国の特許事務所から「あなたが日本で登録している商標が、現地（外国）で他人によって商標登録をされました。この商標登録を取消すなら、現地（外国）の特許庁に手続をするので、○月○日までに返事をください」というような書類が届くことがあります。突然このような書類が届くと、こちらもびっくりします。しかも、締め切り日まで書かれていると、慌ててしまうかもしれません。

しかし、このような書類が届いたからといって、先方の特許事務所に慌てて連絡する必要はありません。というのも、送り主の特許事務所がそもそも何者であるかがわからないからです。そこで、まずは日本の弁理士に相談してみてください。そして、事情を調査したうえで、放置するのかそれとも現地（外国）の特許庁に対して直接手続をするのか、という対応を考えるのがよいでしょう。また、その外国で商標を使用するつもりがないのであれば、対応せずに放置するというのも一案です。

また、現地（外国）の特許庁に対して手続をしようと決めた場合でも、必ずしも連絡をくれた外国の特許事務所に依頼する必要はありません。日本の弁理士を通じて、現地（外国）

の信頼できる特許事務所に手続を依頼するという方法もあります。この場合、連絡をくれた外国の特許事務所には、連絡に対するお礼と、付き合いのある弁理士に手続を依頼した旨の返事をしておけば十分です。

四．「出願後、登録までの期間」をどのように考えるか？

特許庁に商標登録出願した後は、先述の図1－8（四四頁）で示した商標登録出願のフローに従います。まず、商標登録出願をした後は、特許庁の審査結果を待ちます。特許庁の審査官が登録要件を満たしていると判断した場合は、登録査定がされます。登録料を納付することで登録され、商標権が発生します。一方で、特許庁の審査官が登録要件を満たしていないと判断すれば拒絶理由が通知されます。拒絶理由通知に対して、意見書等を提出することで審査官の判断が変われば登録査定を受けることができます。

「出願後、登録までの期間」には、このようなイベントが発生します。本節では、この期間に起こるイベント等に対する対応や考え方を説明します。

（一）拒絶理由通知への対応

商標登録出願をすると、特許庁の審査官が、その商標登録出願を商標法と照らし合わせて登録のための要件を満たしているか否かの判断をします。その要件を満たしていないと特許庁の審査官によって判断されると、拒絶理由通知が届きます。ただし、この通知が届いたから直ちに登録が不可能というわけではありません。審査官にも誤解や間違いがあるので、拒絶理由通知に対して意見をいう機会が与えられています。

拒絶理由通知には、なぜその商標登録出願について登録できないのか、という理由が書かれています。そこで、拒絶理由通知が届いた場合、審査官が指摘している登録できない理由をまずは理解する必要があります。そのうえで、審査官の指摘が適切ではないと判断した場合は、審査官への意見書を提出します。

一方、審査官が指摘している登録できない理由に一理ありそうだと判断した場合であっても、指定商品・指定役務の範囲を狭めることで登録できない理由を解消できるケースがあります。この場合は、登録できる程度にまで指定商品・指定役務の範囲を狭めるような補正をすることで審査を受け直します。このとき考えなければならないのは、「指定商品・指定役務の範囲を狭めてまで、商標権を取得する必要があるのか？」ということです。商標登録をするために指定商品・指定役務の範囲を狭めたとしても、あなたが本当に使用したい商品やサービスが権利範囲外になってしまったら、元も子もありません。したがって、指定商品・指定役務の範囲を狭める補正をするときは、一度原点に立ち返り、その商標をどのような商品やサービスに使用したいのかを思い返す必要があります。

　意見書の提出や出願内容の補正をすることで審査官の心証（認識）を変えることができれば登録査定がされるので、拒絶理由通知への対応は重要な意味をもっています。そこで拒絶理由通知が届いた場合は、弁理士と十分に相談して対応策を決めるのがいいでしょう。弁理士が事前調査をするときに、特許庁の審査官から拒絶理由が通知された場合にはどのような対応をすべきか、またそもそも出願前に拒絶理由をなくす方法がないか、という対策をあらかじめ考えているということは、先述の通りです。拒絶理由通知が届いた場合は、慌てずに事前調査を依頼した弁理士に相談すれば、その後の対応もスムーズに進むはずです。

(二) 出願～登録の期間における商標の使用と出願のタイミング～

　商標登録されて初めて商標権が発生します。つまり、商標登録出願をしてから登録されるまでの期間はまだ権利が発生していないので、そのことをきちんと理解しておく必要があります。
そのうえで、商標の使用を開始する時期をいつにするか考えると、もっとも安全なのは商標登録されて商標権が発生してからです。商標権が発生し、あなたのなわばりの範囲を確定させて、その範囲内で商標を使用していれば、他人の商標権を侵害する心配がないからです。したがって、商標の使用を開始するタイミング（例えば、新商品の発売日やお店がオープンする日）があらかじめわかっている場合は、それまでに商標登録を終わらせておくのがよいでしょう。すなわち、商標の使用を開始するタイミングから逆算して、遅くとも半年から一年くらい前までには商標登録出願を済ませておくのがよいということがわかります。

ところが、実際の商売の中で新商品の発売日の半年から一年前に名前が決められているケースは稀だと思います。名前を決めて商標登録出願をし、商標登録がされる前にすでに商標の使用を開始しているというのが、実情ではないでしょうか。

この場合、当初の目論み通り商標登録を受けることができれば、まったく問題はありません。しかし、あなたが商標登録出願するよりも先に他人が同じ商標登録出願をしてしまった場合には、他人の出願が商標登録されてしまいます。商標登録出願は、早いもの勝ちだからです。つまり、商標登録がされる前に商標の使用を開始する場合には、他人の商標権を侵害するリスクがあることを理解しておく必要があります。

なお、商標の使用を開始した後に、商標登録出願をする場合もあるかと思います。この場合は、他人が先に商標登録出願をする可能性がさらに高まるので、特に注意が必要です。なぜならすでに商標を使用しているということは、その商標が不特定多数の人の目に入る状態にあります。その商標を見た人の中には、「いい名前だから、商標登録しようかな?」と考える人がいるかもしれません。すなわち、あなたよりも前に他人が商標登録出願を済ませてしまうという事態が発生します。

このような事態を避けるためには、使用する商標が決まった時点で、すぐに商標登録出願をしておくことが必要です。そして、そのことを社内のルールとして決めておくのがいいと思います。こうしておけば商品開発の業務に忙殺されて、うっかり商標登録出願のことを忘れてしまって登録できなかったなどということは避けられるはずです。

(三) 登録料の納付

特許庁から登録査定の通知が届いた後に、登録料を納付することで商標登録がされます。これで、ようやく商標権が発生します。

登録料の納付についても、知っておくとよいことがあります。それは、登録料を一〇年分まとめて納付するか、五年分だけか、もしくは納付しないかを選べることです。二〇一七年六月現在の登録料（改定の可能性あり）は、指定商品の区分の数が一区分で、五年分をまとめて納付する場合一万六四〇〇円です。一方、同じ条件で一〇年分をまとめて納付する場合は二万八二〇〇円です。なお、区分の数が増えると、それに応じて納付すべき登録料は増加します。また、五年分の登録料を納付した場合は、登録から五年以内に残りの五年分の登録料を納付する必要があります。残りを納付しない場合、商標権はその時点で消滅してしまいます。

商標権の存続期間（権利期間）は商標権の設定登録の日から一〇年なので、まとめて納付しておけば、一〇年後に更新登録をするまで登録料のことを考える必要がなくなります。したがって、一〇年分一括で納付するというのが一般的です。ちなみに特許庁からは、運転免許の更新通知のようなものは来ないので、注意が必要です。

一方で、事業が成功して軌道に乗ることを目指しているのはもちろんなものの、新しい事業を始める段階では、五年後や一〇年後どうなっているかその事業の見通しが立たないこともあります。そのような場合には、初めから一〇年分を納付するのではなく、まずは五年分を納付して事業が軌道に乗ったら残りの五年分を納付するという方法も考えられます。ただし、五年分を二回納付すると費用は割高になるので注意が必要です。

また、商標登録出願をする段階では、事業化の計画が進んでいたにもかかわらず、その計画が中止になってしまうことがあります。その場合は当然ですが商標登録は必要なくなるので、登録料を納付せず商標権を発生させないというのも一案です。ただ、その商標をいつか使用する機会があると考えるのであれば、登録料を納付して商標権を発生させておくのもよいかと思います。

なお、登録料を納付して商標登録がされると、特許庁から商標登録証が届きます。この商標登録証には、商標登録番号、商標、指定商品または指定役務ならびに商品および役務の区分、商標権者の氏名または名称および住所または居所、商標権の設定登録日、その他（出願番号、出願年月日等）

が記載されています。したがって、商標登録証をまとめてファイルしておくなどして、あなたのもっている商標権の範囲を確認する際や更新登録の期限の管理などを必要に応じてすぐに見られるように保管しておきましょう。

まとめ

第二章では商標実務のフローに従って、商品名の検討・決定、商標登録出願、商標登録までの一連の流れを説明してきました。これまでの内容を図 2-6（次頁）にまとめます。

①　商標案の**使用の可否**を確認
①-A　他人の商標権を**侵害する**おそれあり：別の名前を考える【①に戻る】
　-B　他人の商標権を**侵害しない**：**商標登録の可否**を判断【②へ】
②　**商標登録の可否**を確認
②-A　登録しないで**使用するか否か**
　→**登録しない**ならそのまま使用開始、**登録する**なら別の名前を再検討【①へ戻る】
　-B　権利範囲の検討【③へ】
③　**出願（特許庁）**
④　**審査**
④-A　**拒絶理由通知**あり：意見書提出【⑤へ】
　-B　**登録査定**：登録料納付【⑥】
⑤　意見書提出後の**審査**
⑤-A　**拒絶理由解消**：【④ -B へ】
　-B　**拒絶理由あり**：拒絶査定
⑥　**登録料納付**（納付の検討）

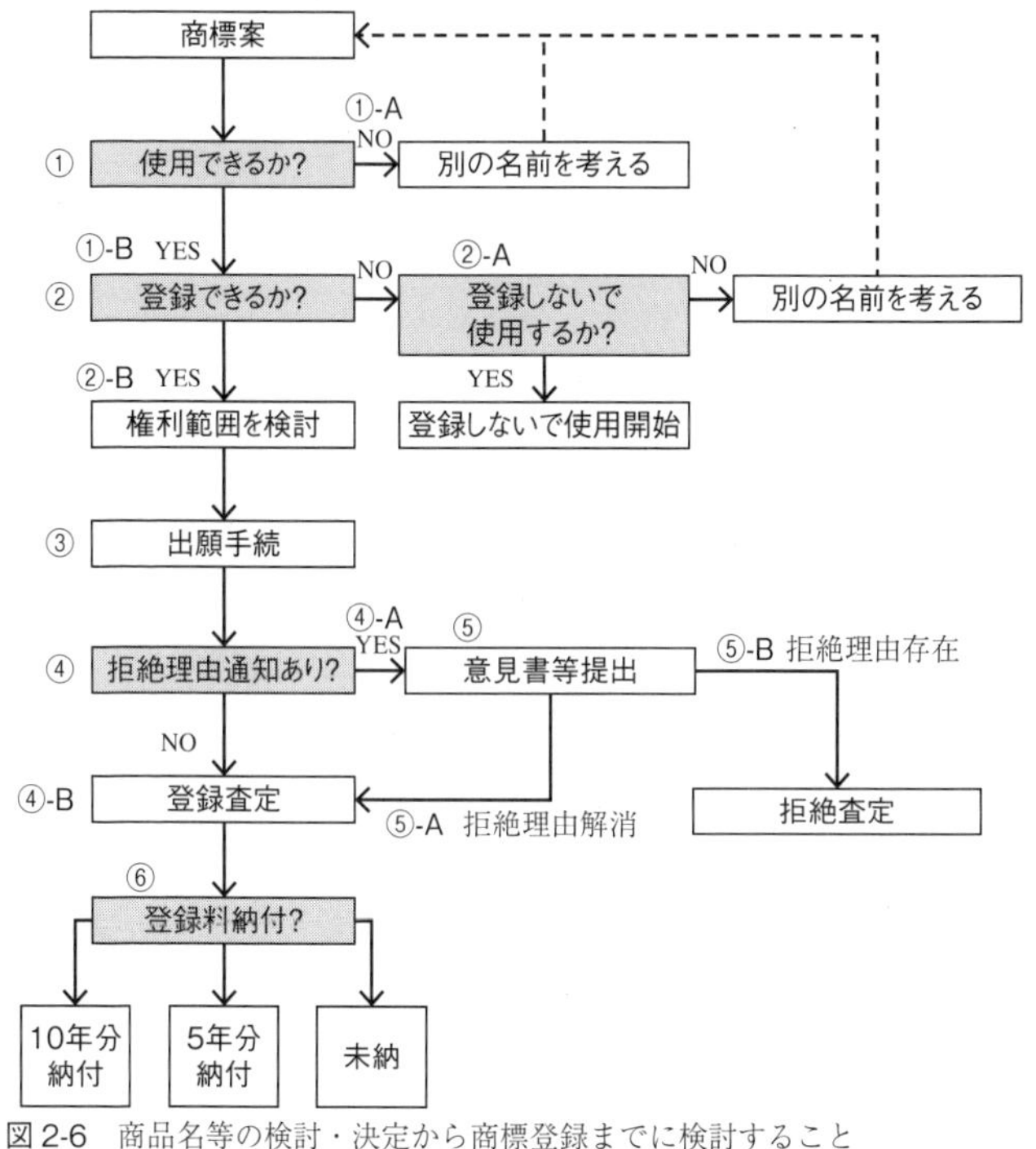

図 2-6　商品名等の検討・決定から商標登録までに検討すること
この流れに沿って各項目を検討すれば漏れのない仕事ができます。
①～⑥に関しては前頁のまとめ参照。

第三章　商標実務のフロー（登録後）と食品関連産業における注意点

第二章では商標実務のフローの前半部分である商標登録出願前から商標登録までの段階について説明しました。本章では、商標実務のフローの後半部分である商標登録がされた後（すなわち、商標権の発生後）の段階において、どのようなことに気を付けながら商標を活用していくのか、を説明していきます（表3－1）。

表3-1　商標権取得後の注意点

商標権取得後の注意点
商標の使用が自分のなわばり内にあるか？
普通名称化を防ぐ
更新登録の判断
使用許諾の良し悪し
商標権侵害への対応

一．取得した権利をどのように活用するか？

商標登録がされて商標権が発生したら、実際に商標を使用してビジネスを展開していきます。このとき気を付けたいのは何度もくり返していますが「あなたのなわばりの中で商標を使用する」ということです。

商標権を取得する意味は、「なわばりの範囲を明確化し、それによってあなたの強みを発揮できるビジネス活動の範囲を定義すること」です。このことを念頭に置きながら、商標登録出願する商標、指定商品・指定役務を決めています。したがって、実際に使用する商標は、商標登録した商品、指定商品・指定役務と整合性が取れていなければなりません。例えば、願書に記載した商標と非類似の商標を使用したり、指定商品・指定役務と非類似の商品やサービスに商標を使用することは、商標権の範囲外（なわばりの範囲外）での使用となるため、商標権を取得した意味が薄れてしまうから注意が必要です。

「そんなことは当然だろう」と考える方もいるかもしれません。しかし、商標権は更新登録をくり返すことにより、権利期間が半永久的に続きます。したがって、商標登録をしたときは商標権の範囲内（なわばりの範囲内）の使用であったとしても、時間の経過とともに商標の使用方法（商品のデザイン）が変わってしまい、商標権の範囲外（なわばりの範囲外）になることもあり得ます。

すなわち、商標の使用方法を新たに決定したり変更を行うときは、常にその使用方法が「あなたのなわばりの中にあるか？」という点を意識しておく必要があります。

二．普通名称化をどのように考えるか？

（一）普通名称化の恐怖

商標権を取得し、あなたのなわばりの中で商標を使用しているからといって、安心ばかりはしていられません。商標権者には、商標を使用する際に注意しなければならない点があります。それは商標の普通名称化の問題です。

普通名称化とは、元来識別力を有していた商標の識別力がなくなってしまうことをいいます。商標が普通名称化してしまった具体例に、米国オーチス社の商標「エスカレータ」が階段状の昇降装置を表示するものとして普通名称化した事案が挙げられます。もともと階段状の昇降装置についてのオーチス社の商標「エスカレータ」は、「エスカレータはオーチス社の商品である」という識別力を有していました。しかし、「エスカレータ」という名前が有名になった結果、オーチス社の商品であるか否かにかかわらず、階段状の昇降装置のことを一般的に「エスカレータ」と呼ぶようになったのです。やがて「エスカレータはオーチス社の商品である」という識別力は薄れ、「エスカレータは階段状の昇降装置のことを指す」と認識されるようになりました。つまり、オーチス社の商標「エスカレータ」は、本来もっていたはずの「エスカレータはオーチス社の商品である」という識別力を、時間の経過とともに失ってしまったのです。商標は生きものであるということはすでに述べましたが、この「エスカレータ」の例は商標を上手に育てられなかった典型としてとらえることができます。

次に、登録商標が普通名称化した場合に、どのような問題があるのかを考えてみます。登録商標が普通名称化した場合の最大の問題は、**登録商標であっても、普通名称化してしまった商標は、商標権の効力が及ばなくなってしまう可能性がある**ということです（商標法第二六条第一項第二号）。

普通名称化してしまったせいで、いざ商標権を行使しようとしたときにその効力が及ばないというのでは、せっかく苦労して商標権を取得した意味がなくなってしまいます。そこで商標権者は、登録商標が普通名称化しないような対応を取っていかなければなりません。商標（ブランド）が有名になっていくほど常に普通名称化の危険にさらされていると考えるべきです。

(二) どのようにして普通名称化を防ぐか?

あなたの商品の名前やブランド名が有名になり、商品がたくさん売れるようになることはうれしいですし、それを目指してブランドを育てているはずです。しかし、長い時間をかけてブランドを育て商品名やブランド名が有名になったのに、その商品名やブランド名が普通名称化してしまったのでは、元も子もありません。

一方で、有名な商品名やブランド名であっても普通名称化せずに商品名やブランド名を守っている例もたくさんあります。ここでは、具体的にどのようにして普通名称化を防ぐのかを考えてみます。

普通名称化を防ぐための対策としては、次の四つの方法が考えられます。

(i) 登録された商標(登録商標)を使用するときに®を付ける

(ii) 「○○(登録商標)は△△(商標権者)の登録商標です」とパッケージに記載する

(iii) 侵害者に対して使用を止めてもらう

(iv) 普通名称化を引き起こしそうな表示をしている人に対して修正をお願いする

(i) 登録された商標（登録商標）を使用するときにⓇを付ける

店頭で販売されている加工食品などのパッケージのデザイン中にⓇのマークが付けられているのを、目にすることがあるかと思います。Ⓡとは、「登録された商標」という意味の英語「Registered trademark」の頭文字Rを取ったマークで、登録商標であることを慣用的に表しています。例えば、登録商標の右下などに表示します。これにより「この商標は登録商標です」、「普通名称ではありません」と周囲にアピールする狙いがあります。

(ii) 「〇〇（登録商標）は△△（商標権者）の登録商標です」とパッケージに記載する

Ⓡと同様に、加工食品などのパッケージのデザイン中に「〇〇（登録商標）は△△（商標権者）の登録商標です」という文言が書かれているのを、ご存じでしょうか。これも「この商標〇〇は登録商標です」、「〇〇（登録商標）は普通名称ではありません」ということを周囲にアピールする狙いがあります。

しかし、食品の場合、食品表示法や食品表示基準などの法令によって、パッケージ中には原材料名をはじめ様々なことを記載するように求められており、すべてを記載するためのスペースが確保できなかったりします。そのような場合は無理に記載する必要はなく、登録商標の右下などに®を付けておけばよいでしょう。

なお、商品パンフレットや商品を紹介するウェブサイトなど表示スペースに余裕がある媒体では、きちんと「○○（登録商標）は△△（商標権者）の登録商標です」と記載し、広く周囲に注意喚起しておくのがよいかと思います。

(iii) 侵害者に対して使用を止めてもらう

これまで述べてきた対応策は、あなた自身が商標を使用するときに注意する点でした。しかし、商標の普通名称化を防ぐには、それだけでは足りません。よその誰かがあなたの商標の普通名称化を引き起こすような行為をしていれば、それを止めてもらう必要があります。商標の普通名称化を引き起こすような行為のひとつとして、商標権の侵害が挙げられます。

商標権を取得し、他人があなたの商標権を侵害していることに気付いた場合、事を荒立てたくないとの考えから他人の侵害を黙認しようとする意見も見受けられます。また、商標を広く使ってもらうことで「名前を広くアピールしたい」「覚えてほしい」との思いから黙って見ていることもあるかもしれません。しかし、自分の商標権が他人によって侵害されているのに黙って見ていたのでは、その登録商標の普通名称化を引き起こす第一歩になりかねません。なぜなら、商標権者（あなた）が商標権を侵害されていることに気付いているにもかかわらず何ら対策を取らないのは、商標権者（あなた）がその商標は普通名称だから権利行使できないと認めている、という印象をその様子や経過をみている第三者にも与えかねないからです。そのため商標権が侵害されていることに気付いた場合、きちんと対応することが商標の普通名称化を防止するうえで大事になってきます。

私の経験上（食品関連産業界では）、商標権を侵害している人は、その商標が登録商標だということに気付いていない場合がほとんどでした。そのため商標権を侵害する相手に対しては、その商標は登録商標で自分がその商標権者であること、そして普通名称化を防ぐためにその商標を使用するのを止めてほしいと丁寧に説明すれば、ほぼ理解してもらえるでしょう。

ⅳ普通名称化を引き起こしそうな表示をしている人に対して修正をお願いする

商標権を侵害しているわけではないけれど、普通名称化を引き起こしかねない商標の表示というケースもあります。そのような例が辞書への掲載です。より具体的にいうと、辞書に「エスカレータ：階段状の昇降装置のこと」などと掲載されることです。辞書に登録商標が掲載されること自体は商標権を侵害するものではありません。しかし、掲載の内容によっては、普通名称化を引き起こす可能性が高くなります。その場合は、例えば「○○（登録商標）は△△（商標権者）の登録商標」である旨の記載を追加してもらうよう出版元にお願いするのがよいかと思います。

なお、このような普通名称化を引き起こしそうな表示をしている人に対して修正をお願いする行為は、商標権で認められているわけではありません。したがって、あくまでもお願いをするというスタンスで話を進める必要があります。

これは私見ですが、最近の食品関連産業界で普通名称化を引き起こしそうな表示として、気になっているものがあります。例えば、インターネットでレシピを紹介するウェブサイトです。このようなサイトでは、一般の方々が料理の材料と作り方を投稿し自由に紹介しています。このときに「材料：〇〇……一〇〇g」のように登録商標〇〇を普通名称のように使用しているケースが見受けられます。このような投稿がたくさん出てくると、第三者に対して商標が普通名称化しているという印象を与えかねませんので注意をした方がよいかと思います。

このようなウェブサイトへの投稿は、一般の方々による書き込みが多いため、〇〇が登録商標であるか否かは気にせずに、あるいは知らずに記載していることがほとんどです。対策としては、このような表示を修正してもらうように、ウェブサイトの運営者にお願いする方法も考えられます。しかし、一般の方々が自由に投稿できるサイトなので、修正をお願いすると相手に不快感を与えかねないことも考慮すべきです。また、不特定多数の方が投稿しているので、投稿件数が多く、すべてをチェックするのに手間がかかるという問題もあります。したがって、投稿されたレシピをすべてチェックし、その都度修正を依頼するというのは、必ずしも最良の方法とはいえません。

そこで、まずは普段から広告宣伝活動を通じて、「〇〇（登録商標）は△△（商標権者）の登録商標」であることをアピールして広く一般にきちんと認知してもらう方が有効ではないかと思います。そして、「〇〇（登録商標）は△△（商標権者）の登録商標」であることを周囲に知ってもらったうえで、次の対策としてウェブサイト上への投稿の表示方法についても注意を喚起するような広告宣伝活動を行っていくという手順がよいかと思います。

なお、これまで述べてきたように商標権の侵害や普通名称化を引き起こしそうな表示を発見した場合は、その相手とやり取りをする必要があります。このときは弁理士に対応を相談するのがいいでしょう。弁理士が代理人となり、書類を送るなどしてこちらの意向を相手方に伝えてくれます。

三.「更新登録」をどのように考えるか？

商標権の権利期間（存続期間）は、商標登録の日から一〇年です。更新登録をすれば、存続期間はさらに一〇年延長されます。これをくり返すことで、商標権は半永久的に維持できます。

しかし、権利を半永久的に維持できるからといって、すべての登録商標を更新登録すれば、膨大な費用がかかってしまい、ムダが発生します。一方で、費用がかかるからといって、ごく一部の商標しか更新しないというのでは、本当に必要な権利範囲にムラが生じてしまいます。そこで、どの商標権を更新し、一方でどの更新を諦めるのかを判断する必要が出てきます。ここの判断をきちんとしたうえで、更新登録におけるムダ・ムラをなくすことを目指します。そこで、ここでは更新登録をするか否かの判断基準について説明します。

(二) どの商標を更新登録するか?

更新登録をするか否かの判断基準は、次のようになります。

(i)「現在使用中もしくは今後使用する可能性のある商標」は更新する

(ii)「防衛上必要な商標」は更新する

(iii)「再度出願しても権利化することが難しくなりそうな商標」は更新する

(iv)「(i)~(iii)以外の商標」は更新しない

(i)「現在使用中もしくは今後使用する可能性のある商標」は更新する

現在使用している商標は当然更新します。また、今後使用する可能性がある商標も更新しておく方がよいでしょう。

一方で、過去に使用していたが、その商品が販売終了になったために現在は使用していない商標も存在すると思います。このような商標には、注意が必要です。商品によっては、復刻版を発売することも考えられるからです。昔は人気があった商品でも、時代の流れとともに売上が落ち販売を終了することは多々あります。このような商品は一定期間経った後、ふとした拍子に復刻版を販売しようという話が社内外から往々にしてあがります。このようなときに更新登録してあれば、安心してその商標をすぐにまた使用できます。

逆に、もう終売（生産中止や入れ替えによって販売が終了すること）になったからいらない、と判断して更新登録しないでいると、他人がそのスキにその商標の権利を取得してしまうかもしれません。そうすると、あなたがいざ復刻版を販売したいと思ったときには、他人の商標権によって使用できないということも考えられます。

そのため過去に使用していたが、現在は使用していない商標については、その歴史（過去は人気があったのか否か）と将来（将来的に復刻版を発売する可能性はあるのか否か）をふまえて、更新登録するべきか否かを判断するのがよいでしょう。

(ii)「防衛上必要な商標」は更新する

商標登録出願をする際、実際は使用する予定がないけれども防衛上必要な商標を出願しておくということがあります。つまり、あなたが使用する登録商標と類似しているとはいいきれないけれども紛らわしい商標で、他人が使用しないようにするためにあらかじめ先手を打って権利取得しておく商標を指します。

例えば、和菓子屋に「名泉堂」という名前を商標登録して使用していた場合を考えてみます。漢字の順を入れ替えた「泉名堂」という名前は、「名泉堂」という商標と必ずしも類似しているとはいいきれません。しかし、他人が経営する「泉名堂」という和菓子屋があった場合、「名泉堂」と勘違いしたお客様がこっちのお菓子を買っていくかもしれません。そうすると、「名泉堂」の売上は減ってしまいます。また、「名泉堂」の和菓子だと思って食べたお客様は、その味が違ったためにがっかりしてしまうかもしれません。そのようなことを防止するために、「泉名堂」という名前についても防衛上必要な商標として、商標登録しておくことがあります。

このような商標は、実際に使用する予定はないかもしれません。しかし、商標登録をした意図からすると、更新登録しておく必要があると思います。

(iii)「再度出願しても権利化することが難しそうな商標」は更新登録する

更新登録をしなくて商標権が消滅してしまった場合でも、再度、商標登録出願をすれば商標権を取得することができます（費用と手間がかかるので、ムダは多いですが）。しかし、人気がある商標の場合は、再度出願する前に他人に権利化されるおそれがあるので注意が必要です。

例えば、商標「〇〇」について、第二九類の指定商品「加工水産物」はAさんが権利をもっていて、第三〇類の指定商品「パン」はBさんが権利をもっているというケースを考えてみます。このような場合、Bさんは、業務上、第三〇類だけではなく第二九類「加工水産物」の権利も取得したいと考えているとしましょう。もし、Aさんが第二九類「加工水産物」の権利を更新しなければ、Bさんはそのタイミングを見計らって第二九類「加工水産物」の権利を新たに取得するかもしれません。そうすると、Aさんが後になってから、やっぱり商標「○○」を第二九類「加工水産物」での使用や権利をもっておきたいと思い直しても、何もできないということになってしまいます。

人気がある商標は再度出願しても権利化することが難しいと考えた方がいいと思います。したがって人気がありそうな商標はできるだけ更新しておく方がよいでしょう。ただし、将来にわたって絶対に使用することがないという確信がある場合は、更新しないというのも一案です。

なお、先にも述べましたが、更新登録をしてもその商標を使用していなければ、不使用取消審判により取消されてしまうリスクはあります。

(iv)「(i)〜(iii)以外の商標」は更新しない

以上の(i)〜(iii)の三つに当てはまる商標については、更新登録をします。一方で、それ以外は更新登録をしない、という基準に従って判断すれば、ムダ・ムラのない更新登録ができると思います(図3-1)。

(二) 更新登録のタイミング

更新登録の申請は、原則として存続期間の満了の六カ月前から満了日ま

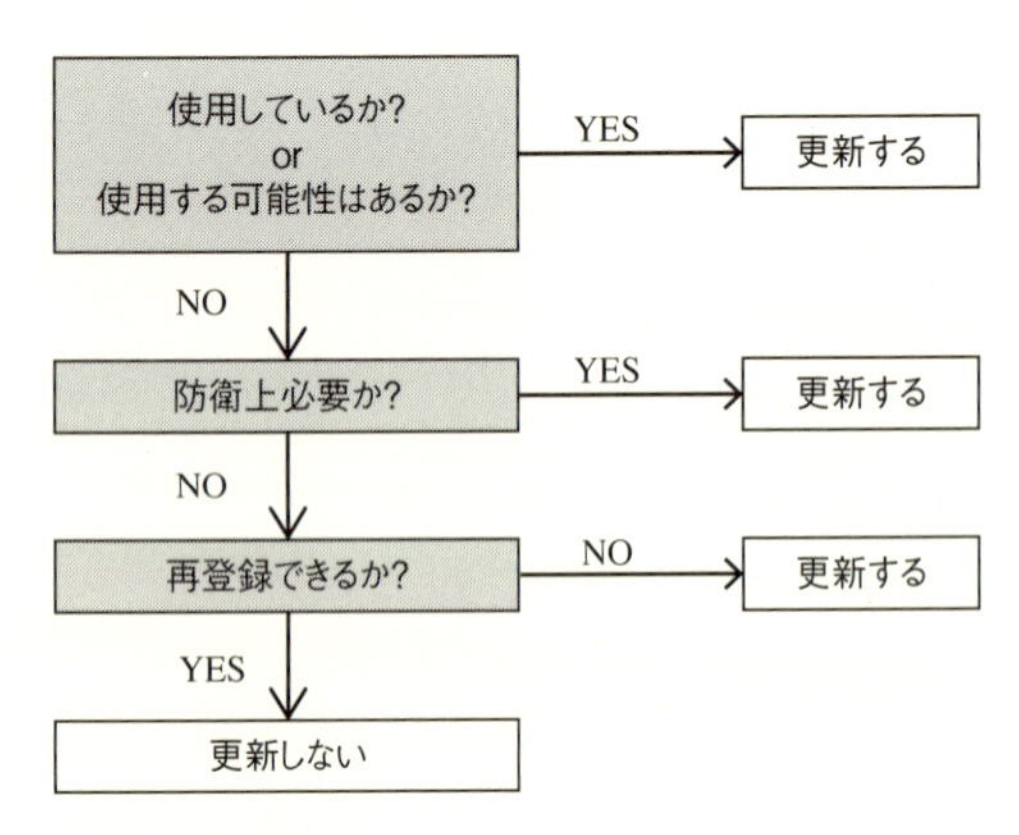

図 3-1　更新登録の要否検討フロー
使用中あるいは使用予定の商標、防衛上必要な商標、再登録することが難しい商標については、更新登録をする。それ以外は更新しないというルールを作ると、ムダ・ムラのない更新登録ができます。

でに行います（商標法第二〇条第二項）。

更新登録を忘れてしまうと、商標権は消滅してしまうので注意が必要です。更新登録は絶対に忘れてはいけないことなのです。しかし、登録商標の数が増えてくると、その管理が複雑になってきます。

更新登録を忘れないようにするための方法としては、毎年同じ時期にその先の一年で存続期間が満了する登録商標をリストアップするのが便利です。

例えば、毎年十二月になったら、翌年の一月から十二月までに存続期間が満了する登録商標をリストアップしておき、更新登録が必要か否かを判断します。そのうち一月から六月までに存続期間が満了する商標で更新登録が必要と判断した商標については、十二月中に弁理士に更新登録の申請を依頼します。一月になれば、それらの商標は更新登録の申請ができます。

次に、七月から十二月までに存続期間が満了する商標で更新登録が必要と判断した商標については、六月になったら、弁理士に更新登録の申請を依頼します。七月になれば、それらの商標は更新登録の申請ができます。

このように毎年同じ時期に更新登録の要否を確認することで、更新登録の手続漏れを避けるようにしましょう。

なお、特許事務所に頼んでおくと存続期間の満了日が近くなったら、更新登録の案内を連絡してくれます。このようなサービスを利用するのもよいかと思います。

12
Column

更新登録と区分

　更新登録をするか否かを検討し、更新すると判断した場合でも、指定商品・指定役務の区分ごとに細かくチェックをすると、更新が必要ないと判断される区分が出てくることがあります。出願当初はその区分が必要だと考えていたけれど、関連事業から撤退したことで使用する予定がなくなった場合などに起こります。そして、この先、使用予定がない区分についても更新登録をすべきか、疑問が出てくるかもしれません。

　このような場合、更新登録をする必要がないと判断した区分については、やめることも可能です。すなわち、必要な指定商品・指定役務の区分だけを更新登録することで、登録する区分の数を減らせるのです。更新登録の費用は、区分の数によって決まるので、必要な区分だけ更新登録すれば、安く抑えることができます。そのため更新登録するか否かの検討を区分ごとに行うというのも、ひとつの方法です。

四．「使用許諾」をどのように考えるか？

商標実務のフロー中の大きな流れに沿って説明をしてきました。ここからは、時々発生するイベント（使用許諾や侵害など）に基づいて考えていきます。まず商標権の使用許諾について説明をします。

（一）「使用許諾」にあたり注意すべきポイントは？

商標権者として、商標権をもっていると、「その登録商標を使用させてくれませんか？」と他人から使用許諾の問い合わせがくるケースがあります。そのとき、どのような対応があるのか考えてみます（図３－２）。

このときに、検討するべき項目は次の五つです。

(i) **相手の目的は何か？**
(ii) **信用できる相手か？**
(iii) **管理できる相手か？**
(iv) **使用許諾の範囲は？**
(v) **対価は？**

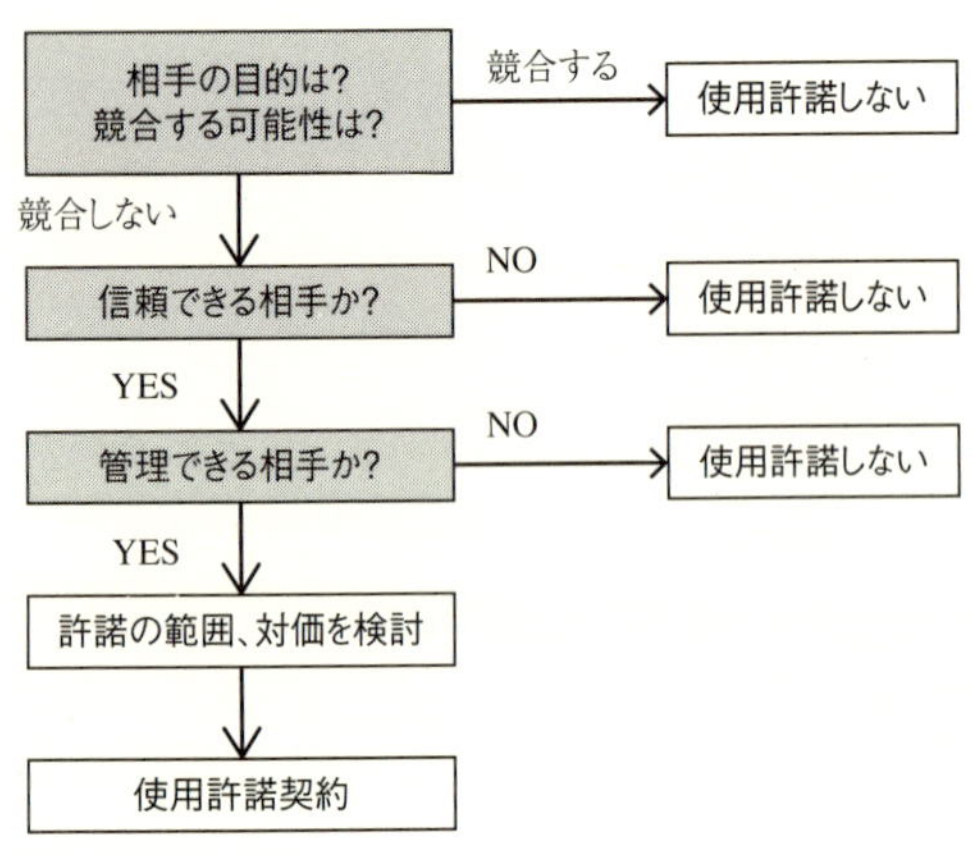

図 3-2　使用許諾するまでのフロー
まずは、相手について十分に検討することが大事です。そして、信用できる相手、管理できる相手ではないと判断した場合は、使用許諾を避けます。

(i) 相手の目的は何か?

まず登録商標の使用許諾を求めてきた相手が、どのような目的で使用許諾を求めているのかを把握し、あなたの商品やサービスと競合するか否かを判断する必要があります。

登録商標の使用許諾を求められた場合、相手には大きく分けて二つの目的が考えられます。一つは、相手方が使用したいと検討していた商標があなたの登録商標だったということがわかり、その商標権の侵害を回避するためです。もう一つは、あなたが登録商標を使用した商品をすでに販売している場合に、その商品とのコラボレーションを目的とするものです。

相手が使用許諾を求めている目的を把握したうえで、あなたの商品やサービスと競合しない場合は、使用許諾をしてもよいと思います。この場合の例としては、商品の販売地域やサービスの提供地域が異なる場合や、商品やサービスが非類似の場合等が考えられます。例えば、「名泉堂」という商標を第三〇類の指定商品「茶」と「菓子」について登録して静岡県で「菓子」について使用している場合を考えてみましょう。使用許諾を求めてきた相手が北海道だけで使用するのであれば、競合する可能性は低いでしょう。また、指定商品「茶」についても使用していなければ、競合する可能性は低いと思われます。

一方で、相手にその商標を使用許諾することで、こちらの商品やサービスと競合してしまうような場合には、あなたの売上が減ってしまうおそれがあるので使用許諾は避けた方がよいでしょう。

(ii) 信用できる相手か？

信用できる相手か否かを判断することは、ビジネス活動を行ううえで一番大事なことのひとつだと思います。これは商標の使用許諾においても同じです。特に商標の使用許諾においては、**使用許諾をした相手が商標の不正使用をした場合、その商標登録が取消されてしまう可能性がある**（商標法第五三条）ので、注意が必要です。したがって、「その登録商標を使用させてくれませんか？」という問い合わせがあった場合には、あらかじめ調査し、どのような相手なのかを知っておく必要があります。その調査の結果、信用できると判断した相手だけに商標の使用を許諾すべきです。もし相手が信用できないというのであれば、お断りするべきです。大事な商標権が取消されてしまっては、何の意味もないからです。

例えば、商標を使用した結果、業績も上がりその商標に業務上の信用が化体している場合（すなわち、その商標に顧客吸引力がある場合）には、その顧客吸引力にあやかりたいと考える人や企業が商標の使用許諾を求めてきます。このようなときには相手をきちんと見極めることが大事です。

(iii)管理できる相手か？

商標を使用許諾しようとする相手が、管理できる相手かどうかも大事です。**商標権者は、使用許諾をした相手に対して監督責任があります。**もし使用許諾した相手が、品質の誤認や出所の混同を生じるような形で商標を使用していたら、商標権者は注意して是正させる義務があります。この義務を怠れば商標登録は取消される可能性があります（商標法第五三条）。

また、使用許諾した相手が登録商標を普通名称化させるような形で商標を使用していたら、止めてもらうように忠告しなければなりません。さもなければ、登録商標が普通名称となってしまい、いざ商標権を行使しようとした場合に商標権の効力が及ばなくなってしまうからです。

そこで、あなたが相手の行動を随時チェックし、不備があったときに是正をお願いすることになります。そして、そのお願いを受け入れてくれる相手以外には使用許諾をするべきではありません。相手によっては、あなたのお願いをなかなか受け入れてくれないことも考えられるので、その相手がどのような人なのかを事前に確認しておく必要があります。

くり返しになりますが、商標権者は使用許諾をした相手に対して監督責任があります。使用許諾をする際には、あなたがその相手を監督する責任を負えるか、今一度自問するべきです。そして、あなたではその相手を管理することができないと判断した場合は、使用許諾についてはお断りするようにしましょう。

(iv)使用許諾の範囲は?

商標の使用許諾をする際には、使用する商品やサービス、地域、期間などそれぞれ許諾の範囲を限定することができます。これによりあなたの商品やサービスと、使用許諾した相手の商品やサービスとが、競合することを避けられます。

使用許諾の範囲を検討するうえで考えるべきポイントをまとめます。

・どのような商品やサービスか?
・どの地域か?
・どのくらいの期間か?

使用許諾する商品やサービスの範囲、もしくは地域の範囲を検討する場合は、使用許諾をした相手の商品やサービスが自分のそれと競合しないように、範囲を限定するのもよいでしょう。例えば、あなたが関東地域でしかビジネスを展開していないのであれば、関西地域に限定して使用許諾をするということが考えられます。

使用許諾する期間についても、初めから無期限で使用許諾をするのではなく、例えば一年ごとに契約を見直すようにしておくことが大切です。こうしておけば、あなたがその商標を使用したくなった場合やビジネス地域の拡大などで、使用許諾の契約を終わらせたいと考えたときに、相手と改

表 3-2　商標の使用許諾の対価

使用許諾	対価
① 有償	1）売上金額に応じて支払 2）期限に応じた固定額を支払
② 無償	対象商品を相手に販売

めて交渉できるからです。

(v) 対価は？

対価についての考え方は、二つのケースが挙げられます。①有償で商標の使用を許諾するケースと、②あなたの商品を購入してもらう代わりに無償で商標の使用を許諾するケースとになります（表3－2）。

有償で商標の使用を許諾するケースでは、対価の額を使用許諾する相手との交渉によって決めます。対価の額を決定する方法として多いのは、使用許諾をした商品の売上金額の何パーセントかを対価とする方法と決められた期間内の固定額を対価とする方法との二つです。

一方、あなたの商品を購入してもらう代わりに、商標を無償で使用許諾するケースの例としては、次のようなものが挙げられます。有名なジャムの商標「A」を所有するジャム専門店があるとします。そこで、ジャム専門店がパン屋にそのジャム「A」を販売し、パン屋はそのジャムの名前「A」を使用したジャムパンを販売するようなケースです（表3－3）。

ジャムを販売するジャム専門店側（商標権者）は、パン屋が自分のジャムを買ってくれるので売上が上がります。また、ジャムパンにそのジャム

表 3-3　商標の使用許諾のメリット

商標権者（ジャム専門店）	使用許諾を受ける側（パン屋）
・ジャムを買ってもらえる ・ジャムパンにジャムの名前が表示される →宣伝広告 ・パン屋とビジネスパートナーに ・他社の参入防止 ・価格安定	・ジャムの顧客吸引力を利用 →売上UP

の名前「A」が表示されるので、より多くの人の目に付くようになり、ジャムの宣伝広告の効果を得ることもできます。さらに、ジャム専門店とパン屋とは商標の使用許諾を通じて交渉を重ねる機会が増えるので、単にジャムを売る以上のつながりをもつことができ、コラボレーションした商品の開発などビジネスパートナーとしての意識を共有することもできます。そうすると、他社のジャム「Z」がそのパン屋で取り扱われるのを防ぐことができるかもしれません。他社のジャムが入らなければ、ジャム「A」は価格競争に巻き込まれることなく、安定した値段でパン屋に常に販売できます。

一方、パン屋（使用許諾を受ける側）は、ジャムの名前「A」がもっている顧客吸引力を利用して、ジャムパンの売上を伸ばせます。

ジャム専門店（商標権者）は、当然ですが有償で商標を使用許諾することもできます。しかし、上述のようにジャム専門店は多くの利益を得ることができるので、あえて商標については無償で使用許諾をすることもあります。これが自分の商品を購入してもらう代わりに、商標を無償で使用許諾するケースです。

こうした例を挙げると、あなたの商品を購入してもらう代わりに、商標を無償で使用許諾することには大きなメリットがあると感じるかもしれません。しかし、大前提として使用許諾する相手が、「信用できる」、「管理できる」人でなければならないという点を忘れないようにしてください。特に食品に関しては、使用許諾した相手がちゃんとした品質の商品を作っているのか確認する必要があります。先ほどのパン屋が、品質のよいジャムパンを作っていれば問題ありません。しかし、もしも品質の悪いパンだった場合は、ジャムパンの悪い評判がジャム「A」にも影響を及ぼしかねません。そのような事態を避けるためにも、商標を使用する相手方の商品を事前に試食するなど、品質を確認しておく方がよいでしょう。

(二)「契約」をどのように考えるか?

商標を使用許諾をすることが決まり、許諾の範囲、対価の検討が終われば、次は使用許諾契約を締結することになります。

契約を結ぶ際には、使用許諾にあたって

・商標

・指定商品・指定役務の範囲

・地域の範囲
・期間
・対価

等を記載した契約書を準備します。

可能であれば、その契約書の中に①商標の不正使用を禁止する条項のほか、②商標の普通名称化を促すような使用を禁止する条項の二つを設けておくとよいでしょう。

先述の通り商標を使用許諾した相手が不正使用をすると、商標登録が取消されてしまいます。そのため、相手方に商標の不正使用をしないことを確認する目的で、商標の不正使用を禁止する項目を設けます。

また、商標が普通名称化すると商標権の効力が及ばなくなってしまうので、商標の普通名称化を促すような使用を禁止する項目を設けて、相手方に注意を喚起しておくことも必要です。

五．「他人が商標権を侵害した場合の対応」をどのように考えるか？

商標権をもっていると、他人によってあなたの商標権が侵害されることも起こり得ます。その場合おおごとにしたくないとの理由から黙認してしまう方がいます。

しかし、商標権が侵害されているにもかかわらず、それを黙認して放置しておくと、その登録商標が普通名称化する可能性があります。普通名称化した場合、商標権の効力が及ばなくなってしまうので、それまで育ててきたブランドの弱体化につながりかねません。

また、商標権を侵害してきた商品やサービスがよくないものだった場合、商標権者（あなた）の商品やサービスと勘違いして購入したお客様は、質の悪さにがっかりするかもしれません。そうなると商標権者（あなた）が苦労して築き上げてきた信用にも傷がついてしまいます。このほかお客様の立場から考えると、正規品だと思って購入したのに実は質の悪い侵害品だったとすると、「だまされた」と感じるかもしれません。あなたとしては大切なお客様を奪われたことにもなるでしょう。

そのためブランドを適切に保護するという目的で、侵害行為に対しては厳正に対応するべきです。ここでは、そのときの対処方法について考えてみます。

(一) どのようにして侵害を発見するのか?

すでに説明した通り、知的財産は目に見える形がないので、他人に盗まれてもあなたの手元から何かがなくなってしまうわけではありません。そのため、あなたの商標権が侵害されていても気付きにくいものです。そこで他人の商品やサービスを日頃からチェックする必要があります。

その方法として一番簡単なものは、インターネットでの検索です。すなわち、ウェブで自分の登録商標を検索し、指定商品・指定役務の範囲において他人の商品やサービスが検索対象としてヒットした場合は、商標権が侵害されている可能性があるので、対応を検討します。一年に一回くらいの頻度で、このようなインターネットを使った検索を行うのがよいかと思います。この方法であれば個人や小規模な会社でも簡単に取り組めるのではないでしょうか。

一方で、世の中のすべての商品やサービスがインターネット上で公開されているわけではありません。そうした商品やサービスを発見する方法としては社員による報告が有効です。すなわち、ある程度の規模の会社であれば、社員が日頃目にする商品やサービスの中で自社の商標権の侵害が疑われるものがあった場合は、その商品の現物や写真等とともに報告させる習慣をつけておくのです。

この方法を実施するためには、社員の皆さんに自分の会社がどのような登録商標をもっているかを知っておいてもらう必要があります。そのためには、多少の社員教育が必要になるかもしれません。例えば、新しく商標が登録された場合に朝礼でアナウンスしたり、会社がもっている登録商標の一覧を日常的に掲示板に掲示しておくといいかもしれません。自社の製品への関心を高める点でもいい機会だと思います。

そして、社員からの報告が見当違いであっても、広い度量で受け入れてください。すべての社員が商標に詳しいわけではないから、見当違いの報告が含まれていることがあるかもしれません。しかし、この報告制度の狙いは、社員から幅広く情報を提供してもらうことなので、報告内容の良し悪しにかかわらず受け入れてください。そうすることで、この報告制度が社内に根付き、幅広く情報を入手できるからです（これは何も商標に限った話ではありませんよね！）。

（二）侵害が疑われる商品・サービスをどのように扱うか？

自分の商標権が侵害されていると思える商品やサービスを発見した場合は、まず弁理士に相談してください。相手の商品やサービスが本当に商標権を侵害しているか否かを専門の弁理士に判断してもらうためです。

この結果、**商標権を侵害している可能性が高いと判断された場合は、あなたの商標権の範囲（なわばり）内から相手に出ていってもらうこと**が重要になります。相手があなたの商標権の範囲（なわばり）から出ていけば、商標権の侵害は解消します。すなわち、登録商標が普通名称化したり、ブランドが傷つけられたり、お客様が正規品だと思って間違って購入してしまうおそれもなくなるからです。

そこで、あなたの商標権の範囲（なわばり）内から相手に出ていってもらうためには、まず相手が使用している商標が他人の商標権の範囲（なわばり）内に入っていることを相手に気付いてもらう必要があります。そのためには相手方に注意を喚起するような手紙を送るとよいでしょう。私の経験上、商標権を侵害している方は、悪気や何らかの意図があるわけではなくその人が使用している商標が他人の登録商標であることに気付いていない場合が多いようです。そこで、相手方に注意を喚起するような手紙を送ることで、使用している商標が登録商標であることをまずは知ってもらうことです。多くの場合、注意喚起をすることで相手は使用する商標を変えてくれます。この時点で商標権の侵害を解消することができ、ブランドを適切に保護するという目的も達成できます。

これでも対応できないときは、弁理士と相談しながら次の手段を講じるとよいでしょう。

まとめ

第三章では、商標実務のフローのうち、商標登録がされた後に考えるべき点について説明をしてきました。その内容をまとめると、以下の通りです。

・商標登録後、商標権が発生したら、商標権の範囲（なわばり）内で商標を使用することが大事。
・商標を普通名称化させないように努める。普通名称化を防ぐには、自分が商標を使用する際に注意するだけでなく、他人の動向にも気を配る必要がある。
・商標権の更新登録をするか否かの判断基準は、次の通り。
（ⅰ）「現在使用中もしくは今後使用する可能性のある商標」は更新
（ⅱ）「防衛上必要な商標」は更新
（ⅲ）「再度出願して権利化することが難しくなりそうな商標」は更新
（ⅳ）「（ⅰ）～（ⅲ）以外の商標」は更新しない
・商標の使用許諾を求められときに検討すること。
（ⅰ）相手の目的は何か？
（ⅱ）信用できる相手か？
（ⅲ）管理できる相手か？
（ⅳ）使用許諾の範囲は？
（ⅴ）対価は？
・商標権を侵害されたら、ブランドの保護という観点から厳正に対応する。

第四章　食品関連産業における商標の考え方

ここまでは食品関連産業全体で共通する話題について説明してきました。しかし、食品関連産業といっても農林水産業、加工食品製造業、小売業や卸売業、飲食業と多岐にわたり、それぞれの業種に特有の注意すべき点があります。そこで最後の第四章では、食品関連産業を農林水産業、加工食品製造業、小売業や卸売業、飲食業の四つの業種に区分して、それぞれ特に注意すべき事項について詳しく説明します。

一．農林水産業

(一) 品質の担保

商標が品質保証機能を有することは、すでに述べた通りです。この機能はある決められた商標が付された商品やサービスは、常に同じ品質を有することを保証するというものです。

一方で、農林水産物は、工業製品とは異なり自然環境によって収穫物や漁獲物の品質にバラつきが生じるという特徴があります。例えば、天候が安定していれば品質のよい野菜を収穫できますが、天候が悪ければ品質のよい野菜を収穫することが難しくなります。そして、品質のよい野菜とよくない野菜の両方に同じ商標を使用すれば、当然ですが品質保証機能は発揮されません。その結果、商標を使用してブランドを育てることが難しくなります。

したがって、農林水産物において一定の商標を使用してブランドを育てようと考える場合、品質をどのようにして一定に保つのか、ということが課題になります。

商標を使用するにあたり農林水産物の品質を一定に保つには次の方法が考えられます。

(i) **品質のよい物だけを選んで特定の商標を使用する**
(ii) **品質がよくなるように生産する**
(iii) **加工原料として使用する**

(i)品質のよい物だけを選んで商標を使用する

もっとも簡単な方法は、収穫物や漁獲物の中で、一定の規格基準に合致するものだけを選んで特定の商標を使用することです。

ミカンを例に挙げると、あらかじめ大きさや糖度などの規格基準を設け、収穫されたミカンのうち基準に合致した合格品だけ特定の商標を使用します。特定の商標を使用してブランドを育てようとする場合、その商標を使用した商品（ミカン）は高級品として扱い、高い価格を設定するのが一般的です。

すなわち、天候がよく規格基準に合致したミカンがたくさん収穫できれば、その特定の商標を使用したミカンをたくさん販売することができ、売上が増えます。逆に、天候が悪く規格基準に合致しないミカンがたくさん収穫されたときは、その特定の商標を使用したミカンは販売できないため、売上に結びつかないことになります。

(ii)品質がよくなるように生産する

先ほどのミカンの例のように、品質のよい物だけに商標を使用するという方法では、規格基準に合致しないミカンは特定の商標を使用できません。

そこで次のステップとして、安定した環境を保てるハウスでの栽培や農薬や肥料の使用方法を工夫することで、規格基準から外れるミカンを作らない方法を考えます。すなわち、ミカンの品質をすべて一定の規格基準に合致するようにミカンの生産を管理し、「安定的に」たくさん収穫できるようにします。

私も畑を使って家庭菜園を行っていますが、素人の私にはよい野菜を安定的に収穫することは、とてもできません。トマトを栽培しても実が大きくなる前に赤くなってしまったり、実が割れてしまうなど品質管理には、程遠いというのが実情です。しかし、プロの農林水産業者の方が徹底的に品質管理を行い、一定の規格基準に合致する農林水産物を「安定的に」たくさん生産できるようになれば自然と信頼の獲得（すなわち、ブランドの育成）につながるのです。

(iii) 加工原料として使用する

農林水産物の中には、最初から加工原料として加工・利用されるものがあります。ミカンの場合であれば、ミカンジュースの原料やお菓子に利用されるミカンペーストの原料などが該当します。ミカンそのものでは形が悪く見た目がよくない農林水産物であっても、加工原料として使用できます。すなわち、加工原料は品質の規格基準が生鮮品用に比べると厳格ではないといえます。そこで、原料として農林水産物を利用した加工食品において特定の商標を使用するという方法も考えられます。

この方法では加工食品を通じて農林水産物のブランドを育てることになります。したがって、商標登録をする際には、指定商品の中に加工食品（ミカンの場合だと、「ミカンペーストを原料とした菓子」など）も含ませておく必要があります。

ちなみに、『二〇二五年　日本の農業ビジネス』（二一世紀政策研究所編）によると、現在日本で消費者が購入する食品の内訳は、外食が約三割、加工食品が約五割、生鮮品が約二割だそうです。国産農林水産物だけをみると、三二%が生鮮品、六二%が加工食品、残りが外食へと仕向けられているそうです。つまり、外食で消費されている食品のほとんどが輸入品に頼っていることがわかります。そうすると今後は、外食産業に仕向けられる国産農林水産物の割合が増えてくるのかもしれません。そして、外食産業を通じて農林水産物をブランドとして育てるケースも増えるかもしれません。

以上、説明した通り、農林水産物をブランド化する際に一定の品質を担保する方法としては、いろいろとあります。農林水産物は自然環境によって品質がバラつくからブランド化は無理だ、と諦める必要はありません。あなたの状況に応じた品質管理をすることによってブランドを育てることは可能なのです。

(二) 地域団体商標

農林水産物などの地域ブランドを保護する制度として、地域団体商標制度があります。例えば「静岡茶」のように、地域の名称「静岡」と商品の普通名称「茶」とからなる文字だけの商標は、一般的に商標法では識別力がないものとして、原則として商標登録を受けることはできません。しかし、商標法で別途定められた地域団体商標制度を利用すれば、例外的にこのような商標を登録することができ、地域ブランドを保護することができます。そのため、ある特産の農林水産物を地域のブランドとして育てようと考える場合には、地域団体商標制度の利用が有効な手段となります。ただし、地域団体商標制度を利用するには一定の条件を満たす必要があります。ここでは、その条件について説明します。

(i)出願人の条件

地域団体商標として商標登録出願することができるのは、

・事業協同組合、農業協同組合等の組合
・商工会、商工会議所
・特定非営利活動法人（NPO法人）
・これらに相当する外国の法人

といった法人が対象です。つまり、一般の企業や個人では地域団体商標の出願はできません。

(ii)商標の条件

地域団体商標として商標登録を受けるには、次の条件をすべて満たしているものに限られます。

・出願人（上記の法人）がその構成員に使用させる商標であること
・地域の名称＋商品または役務の普通名称等の文字からなる商標である

こと

・その商標が、商標中の地域と密接に関連した商品・役務に使用されていること

・一定の地理的範囲で、ある程度有名になっていること

「出願人（上記の法人）がその構成員に使用させる商標」という条件があるため、出願人だけが使用するような商標は地域団体商標として商標登録を受けることはできません。なお、構成員に加えて出願人が使用することは認められています。

「地域の名称＋商品または役務の普通名称等の文字からなる商標」という条件で注意したいのは、図形を含む商標は登録を受けることができない点です。なお、「地域の名称＋商品または役務の普通名称等の文字」に加えて、商品の産地の表示に慣用されている文字（例えば、本場、特産、名産）や役務の提供の場所の表示に慣用されている文字（例えば、本場）を併記させることは可能です。例えば、「本場〇〇うなぎ」といったものでも登録可能です。

また、「その商標が、商標中の地域と密接に関連した商品・役務に使用

されている」という条件があります。出願された商標が単に地域の名称から想起されるイメージを利用しただけで、実際にはその地域と関連しない商品や役務において使用されている場合は地域団体商標として商標登録を受けることができません。

最後に「一定の地理的範囲で、ある程度有名」という条件です。例えば近隣の都道府県に及ぶ程度の需要者にも認識されていることが必要となります。

地域団体商標として商標登録を受けることができれば、商標権が発生します。地域団体商標の商標権は譲渡することができないなど、通常の商標権とは一部違う点もあるものの、効力としては通常の商標権と違いありません。したがって、地域団体商標の商標権を侵害する他人に対しては差止請求などを行い、その地域団体商標（地域ブランド）を保護することもできます。また、特許庁では、登録された地域団体商標であることを示す証として地域団体商標マークを用意しています（図4－1）。このマークは、地域団体商標に付して使用するものです。このマークを使うことで、地域ブランドとしての信用も高めることが期待できます。

図 4-1　地域団体商標マーク
登録された地域団体商標を使用する際に使用できるマークです。
出典：特許庁（https://www.jpo.go.jp/torikumi/t_torikumi/t_dantai_mark.htm）。

（三）地理的表示保護制度

商標法で地域ブランドを保護する地域団体商標制度とは別にあるのが、特定農林水産物等の名称の保護に関する法律（以下、地理的表示法）によって地域ブランドを保護する地理的表示保護制度です。

地理的表示保護制度も地域ブランドを保護するうえで地域団体商標制度と似ていますが、異なっている点もあります。以下、地理的表示保護制度について説明します。

(i)申請者

地理的表示保護制度では、生産・加工業者の団体であれば法人格を有さなくても申請することができます。ただし、個人の場合は生産・加工業者の団体ではないため、申請人としての適格性に欠けます。

(ii)名称に関する要件

地理的表示保護制度では、地域と結びつきのある名称であれば、保護を受けることができます。必ずしも地域の名称を含む必要はありません。また、その名称が一定期間(概ね二五年)使用され続けていることが必要です。

(iii)産品に関する要件

地理的表示保護制度は農林水産物(必ずしも食品に限りません。例えば、生糸なども登録されています)、飲食料品(酒類等は除く)に限られています。ちなみに酒類については、地理的表示法ではなく、酒税の保全及び酒類業組合等に関する法律という別の法律の対象です。

また、地理的表示保護制度では、保護を受けようとする産品の品質等の特性がその地域と結びついている必要があります。そして、団体はその産地と結びついた品質の特性について基準を定め、その品質基準等を守るように団体が生産・加工業者を管理する必要があります。この管理状況については、定期的に国のチェックを受けなければなりません。一方、地域団体商標制度では品質の基準について法律上の規定はなく、商標権者が任意で品質管理を行えばよいので、大きく異なります。

図 4-2　GIマーク

地理的表示保護制度に登録された場合は、その産品に地理的表示とともにこのGIマークを付ける必要があります。

出典：農林水産省（http://www.maff.go.jp/j/shokusan/gi_act/gi_mark/index.html）。

(iv)登録後の使用

地理的表示保護制度では地理的表示を付する際には、ＧＩマーク（図４－２）と呼ばれるロゴをあわせてその産品に使用する必要があります。また、この制度は地域共有の財産を守ることが目的なので、品質基準等の所定の条件を満たす場合は、団体に加入するか、新たな団体として登録を受けることで地域内の生産者は誰でもその名称を使用できます。

さらに、他人による不正使用があった場合は、国が取り締まってくれます。また、日本が地理的表示保護制度のある外国と相互保護をするという約束をしている場合は、その外国でも保護を受けることができます。なお、地理的表示保護制度に産品を登録（酒類等を除く）するためには、農林水産大臣に登録申請をする必要があります。この制度は特許庁ではなく農林水産省

表 4-1　地域ブランドを保護する制度

		地域団体商標制度	地理的表示保護制度
法律		商標法	特定農林水産物等の名称の保護に関する法律(地理的表示法)
管轄省庁		特許庁	農林水産省
対象		所定の法人	生産・加工業者の団体(法人格は不問)
特徴	基本的な思想	私的財産	地域共有の財産
	名称	地域の名称+商品等の普通名称等	名称から産品の生産地、特性が特定できるのであれば地域名称を含まないことも可能
	品質管理	商標権者で任意に行う	国のチェックを受ける
	使用者	商標権者の構成員のみが使用可	条件を満たせば地域内の生産者は誰でも使用可
	保護の範囲	日本国内のみで保護	外国でも保護を受けられることがある
	周知性	必要	名称から産品の生産地、特性が特定できれば可
	使用実績	周知性獲得に必要	必要(生産実績は概ね25年以上)
模倣品の取り締まり		商標権者が行う	国が行う

の管轄だからです。

ここで二つの制度のメリットとデメリットを考えてみます(表4-1)。

地理的表示保護制度では、その産品の品質管理体制について国のチェックを受けて、保護を受けます。すなわち、品質管理体制について国のお墨付きをもらうことができます。したがって、品質基準が定められ、きちんと管理できるような状況であれば、地理的表示保護制度の利用を考えてもよいかもしれません。

一方で、品質管理体制について国のチェックを受けるということは、その分だけ手間を要するということを意味します。そこまで手間をかける必要もない場合には、地域団体商標制度の利用を考えるとよいでしょう。

ところで、先に述べたように地理的表示保護制度を利用すれば、相互保証を条約等で約束している外国でも保護を受けられる可能性があるので、海外に進出しようとする場合は有効です。他方、地域団体商標は日本国内でしか保護されないので、海外進出を考えていない場合はこちらを利用するというのも一案です。

地理的表示保護制度は地域共有の財産を守るものなので、品質基準等の所定の条件を満たす場合は、団体に加入するか、新たな団体として登録を受けることで地域内の生産者は誰でもその名称を使用することができます。一方で、地域団体商標は個人の財産（私的財産）なので、商標権者の構成員以外は、その商標を使用することができません。したがって、そのブランドを地域の中の誰が使用していくのか、という点は明確にしておく必要があります。

以上述べたように地理的表示保護制度と地域団体商標制度とでは違いがあります。そのため地域ブランドを保護しようとする場合に、これらの制度をどのように利用するのがあなたにとってベストな選択なのかを検討する必要があります。なお、地理的表示保護制度と地域団体商標制度とを併用するということも可能なので選択肢に入れてもよいでしょう。

（四）農林水産物の六次産業化

農林水産物の六次産業化については、国や地方自治体などによって様々なサポートがあります。農林水産省のウェブサイトによると、**六次産業化とは農林水産物を活用し、新商品を開発、新たな販路の開拓（輸出も含む）等を行う取り組みのこと**をいいます。すなわち、農林水産業者自らが農林水産物を加工し、それを直接販売するというものです。

六次産業化を進めることで、今まで使われていなかった収穫物を利用するようになったり、収穫など繁忙期以外の期間での売上を確保し経営を安定させることも可能です。現在、農林水産業に携わる方の中には、六次産業化に関心をもっている方も多いと聞いています。

六次産業化を目指す場合、商品名と指定商品・指定役務との関係に注意する必要があります。すなわち、農林水産物を原料として活用し、新商品としてその加工食品を開発して製造販売しようとした場合、原料である農林水産物の商品名（商標）を加工食品にそのまま使用できない場合があるからです。つまり、農林水産物に使用している商品名（商標）について、加工食品の範囲で他人が商標登録している可能性があるからです。

これまで説明してきた通り商標登録出願をする場合、指定商品・指定役務を指定する必要があります。そして、商標権の範囲は、その指定した指定商品・指定役務によって決められます。例えば、指定商品「果実」について、あなたが商標権をもっていたとしたらその権利の範囲は「果実」には及ぶものの、「果実を使用したジャム」には及びません。

一方で、あなたが指定商品「果実」について商標権をもっていたとしても、他人が同じ商標で指定商品「果実を使用したジャム」を対象に商標権を取得できます。そうすると、あなたが指定商品「果実」について商標権を取得していたとしても、他人が同じ商標ですでに指定商品「果実を使用したジャム」について商標権を取得しているかもしれません。その場合、あなたが「果実を使用したジャム」にも商標をそのまま使用すれば、他人の商標権を侵害することになります。

このような事態を避けるためには、第二章の商標実務のフローに従って商品名等の検討・決定を進める必要があります。そして、必要に応じて商標登録出願をし、指定商品を考えるうえであらかじめ加工食品についても商標権を取得しておくのがよいでしょう。

（五）商標法と種苗法

農林水産植物のブランドを育てるうえで考えておくべきことのひとつに、商標法と種苗法との関係があります。種苗法とは農林水産植物の新品種を保護するための法律で、動物は保護の対象外です。種苗法に基づいて新品種とその名前を農林水産省に登録すると、育成者権という権利が発生します。育成者権は原則として品種登録した品種の種や苗に対して効力が及びます。すなわち、育成者権を利用することで登録した名前でその品種の種や苗を独占排他的に販売することができます。したがって、育成者権は新しく開発した農林水産植物の種や苗自体を販売し、その種や苗自体をブランド化しようとする場合には有効な権利ということができます。

しかし、品種登録した品種の種や苗を栽培して得られる収穫物や、その収穫物を原料とする加工食品には、例外はあるものの原則的に育成者権の効力が及びません。したがって、収穫物や収穫物を原料とする加工食品を販売することによって、その収穫物や加工食品をブランド化しようとする場合は、育成者権で保護するだけでは十分とはいえません。すなわち、収穫物や収穫物を原料とする加工食品の名前については、商標権で別個に保護する必要があるのです。

表4-2　品種名と登録商標

	福岡S6号	あまおう／甘王
登録	品種	商標
法律	種苗法	商標法
使用目的	種や苗のブランド化 （業者間の取引でのみ使用）	消費者にわかりやすく親しみやすいイチゴ果実の名前

品種登録する品種の名前と商標登録する商標とを別個にした例として有名なのが、イチゴの品種の名前「福岡Ｓ６号」と登録商標「あまおう／甘王」です（表４－２）。まずイチゴの品種としては「福岡Ｓ６号」という業者間で認識することができる名前で品種登録し、イチゴの種や苗を保護しつつ、「福岡Ｓ６号」を育てて得られる収穫物、イチゴ果実の名前については、「あまおう」という消費者にわかりやすく伝わりやすい商標で商標登録して分けています。

ところで、種苗法で登録された品種の名前を特定したうえで、指定商品を収穫物や収穫物を原料とした加工食品として商標登録出願をしても、識別力がない商標や品質を誤認させるおそれがある商標として拒絶される可能性が高いです（商標法第三条第一項第三号、第四条第一項第十六号）。すなわち、そもそも品種登録された名前を収穫物や収穫物を原料とした加工食品に用いて商標登録することが難しいのです。なお、種苗法で登録された品種の名前について、指定商品を植物の種や苗として商標登録出願をしても、その商標は拒絶されます（商標法第四条第一項第十四号）。

したがって、種や苗を種苗法によって保護しつつ、収穫物や収穫物を原料とした加工食品の名前を商標法によって保護しようとする場合は、種苗法で登録する品種の名前と商標登録する商標とを別の名前にする必要が出てきます。

一般的に種や苗の取引は、例えば種苗生産会社が種や苗を農家に販売するような場合で、業者間で行われることが多いはずです。そこで、種苗法によって品種登録する品種の名前は、業者間で区別や認識ができる程度であればよいと思われます。

一方で、収穫物や収穫物を原料とした加工食品は一般消費者向けに販売することがほとんどです。したがって、商標登録する収穫物や収穫物を原料とした加工食品の名前（商標）は、消費者にわかりやすく伝わりやすいものにする必要があります。

以上説明した通り、種や苗については種苗法で保護しつつ、収穫物や収穫物を原料とした加工食品の名前については別途、商標法で保護することで、ムラがなく権利を取得できます。

二．加工食品製造業（加工食品メーカー）

（一）商品のデザイン中に隠れた商標

スーパーマーケットなどの量販店で販売されている加工食品の包装容器には、様々なデザインが施されています。このデザイン中には商品名とは別に、お客様に商品の味や食感などを伝えるためのフレーズが含まれていることがよくあります。すなわち、商品のデザインを全体としてみた場合そのフレーズの部分がひときわ目立つことで、予期せずに自他商品等識別機能などの商標の有する機能を発揮していることがあります。

場合によってはその商標として機能しているフレーズが識別力を有し、他人の商標権を侵害しているということで商標権者から警告を受ける可能性もあるので、注意が必要です。

ところが、このようなデザインの一部分については、使用する側も商標として使用している意識がないというのが一般的です。そのため、フレーズ部分については、商標実務のフローにおける「その商標を使用しても問題がないか？」という検討の対象から漏れているケースが多いです。

このような漏れをなくすためには、デザイナーが作成したデザイン案についても、**「その商標を使用しても問題がないか？」**としっかり事前に検討する必要があります。具体的にはデザイナーが作成した商品のデザイン案を全体として観察し、その中で目立つ部分があれば、その部分に絞って改めて検討をすることが必要です。例えば、商品の品質を表す『おいしい』という言葉をデザイン化して表現している場合は、検討が必要です。また、デザインを全体として観察した場合、目立つ部分は必ずしも一つとは限りません。すべて抜き出してそれぞれについて「その商標を使用しても問題がないか？」検討していきます。そして検討の結果、目立つ部分のどれかがすでに他人に商標登録されていてそのままでは使用が難しいと判断した場合は、そこを変更する必要があります。

(二) 企業間のコラボレーション

加工食品メーカー同士がコラボレーションをした商品を店頭で見かけることが増えてきました。例えば、スナック菓子のメーカーとふりかけのメーカーとがコラボレーションしたポテトチップス味のふりかけで考えてみます。分野の異なるコラボレーション商品は、スナック菓子のメーカーからすれば、ふりかけ売り場でもポテトチップスの名前を広めることができるため宣伝効果も期待されます。一方で、ふりかけメーカーからすれば、ポテトチップスの名前に付いた業務上の信用と顧客吸引力とを利用して目新しいふりかけを販売できるというメリットがあります。そこで、各社は企業間のコラボレーションをお互いにうまく利用して、その利益を享受しようとしているのでしょう。

このような企業間のコラボレーションを行う場合、先ほどの例だと、スナック菓子メーカーがふりかけメーカーに対して、ポテトチップスの商標について商標の使用許諾をするのが一般的です。

しかし、ここで問題となるのが、スナック菓子メーカーの方が指定商品としてふりかけについての商標権をもっていなければ、商標の使用許諾ができないということです。

このふりかけの場合、ポテトチップスに使用している商標のうち、スナック菓子メーカーのロゴ（ハウスマーク）やポテトチップスの商品名（ペットネーム）が使用許諾の対象になると考えられます。第二章で述べたように、ハウスマークについては指定商品・指定役務を幅広く権利化するため、スナック菓子メーカーであっても指定商品ふりかけについて商標権を取得しているかもしれません。

一方で、ペットネームについては使用の範囲が狭くなるので、原則として指定商品ポテトチップス（菓子）について権利取得し、想定されるポテトチップスの別の用途があれば、追加の形で権利取得することが多いはずです。しかし、商標登録出願をした当初ポテトチップスの別の用途としてふりかけもすでに想定していて、指定商品ふりかけについての商標権も取得していれば、問題なくすぐにその商標の使用を許諾できます。一方、出願時にふりかけまで想定していなければ、指定商品ふりかけについての商標権はないのです。この場合スナック菓子メーカーは、ふりかけメーカーとのコラボレーションの計画がもち上がった段階で速やかに指定商品ふりかけについて商標登録出願をしておく必要があります。そして、商標権を取得した段階でふりかけメーカーに商標の使用許諾をすればよいでしょう。

なお、先述の農林水産物の六次産業化と同じ問題点は、企業間のコラボレーションでも起こり得るので注意が必要です。すなわち、ポテトチップスの商標と同じ商標が、指定商品ふりかけについて第三者にすでに権利化されている可能性があることです。そこで、ふりかけメーカーは、ふりかけについて「その商標を使用しても問題がないか?」商標を検討する必要があります。

(三) 食品表示基準と商標との関係

容器包装に入れられた加工食品を販売する場合は、原則として食品表示基準に基づいて原材料名や消費期限または賞味期限などを記載した、いわゆる一括表示を容器包装の見やすい箇所に表示することが求められています。

ここで、一括表示における記載と商標との関係を考えてみます。一括表示に記載すべき項目のうち、商標との関係が問題になる項目は「名称」と「原材料名」です(図4-3)。

食品表示基準第三条には、名称の欄にその内容を表す一般的な名称を表示すること、原材料名の欄にそのもっとも一般的な名称をもって表示することが規定されています。すなわち、一括表示の名称と原材料名の欄には、一般的な名称を記載しなければいけないため、ここに登録商標を記載すると食品表示基準に違反する可能性があります。

また、この欄に登録商標を記載すると、その登録商標が一般的な名称で

名　　称	ベーコン
原材料名	豚ばら肉、砂糖、食塩、卵たん白、植物性たん白、香辛料／リン酸塩（Na）、調味料（アミノ酸）、酸化防止剤（ビタミンC）、発色剤（亜硝酸Na）、コチニール色素、（一部に卵･大豆を含む）
内 容 量	300 グラム
賞味期限	××.××.××
保存方法	10°C以下で保存してください。
製 造 者	××株式会社 ××県××市××町×-×

図 4-3　一括表示の記載例（ベーコン）
「早わかり食品表示ガイド（平成 28 年 6 月版・事業者向け）」（消費者庁）22 頁（PDF）より一部改変して引用。

あることを認めたという印象を第三者に与えてしまうおそれもあります。つまり、名称や原材料名の欄に登録商標を記載する行為は、商標の普通名称化を引き起こしかねないのです。商標が普通名称化した場合に受ける不利益については、すでに述べた通りです。名称や原材料名の欄への登録商標の記載は避けましょう。

このほか商標を使用許諾した相手や商品を販売した相手があなたの商品を原材料として使用した場合に、名称や原材料名の欄にあなたの登録商標を記載したときも同じです。もしも、そのような行為を見つけた場合は、相手方に対して事情を説明し表示方法を変更してもらうよう申し入れをする必要があるかと思います。

なお、あなたの商品を原材料として他社に販売しようとした場合、相手から名称や原材料名の欄にはどのように記載したらよいか質問されるかもしれません。このとき一般的な名称を使用するよう相手に説明しておけば、あなたの登録商標がここに記載されるのを未然に防ぐことができます。

(四) 経営戦略と商標

従来、加工食品メーカーは商品を卸売業者に販売し、そこを経由して小売店の店頭で販売されるという流通が一般的だったはずです。ところが、近年ではインターネットの普及に伴い、加工食品メーカーが自社のウェブサイトで商品を直接お客様に販売しているケースも増えています。

この場合、商標権の指定商品・指定役務について一度見直す必要があります。例えばハウスマークである企業ロゴを使用して卸売業者を通さず自社のウェブサイトで消費者向けに商品を販売しようとする場合は、そのハウスマークにおいて小売のサービスについても商標登録を受けておく必要があるからです。

従来の加工食品メーカーは、自分が商品を消費者に直接販売するという経営戦略は想定していなかったと思います。したがって、小売のサービスについてまで商標権を取得しているところは少ないはずです。ところが時代が変わり、新しい経営戦略を採ったのであれば、その戦略に合わせて商標使用の可否や商標登録の要否を再度検討する必要が出てきます。ここでは、経営戦略と商標の関係について説明します。

表4－3にアンゾフの成長マトリクスを示しました。この表は、経営戦

表 4-3　アンゾフの成長マトリクス

	既存商品	新商品
既存市場	市場浸透	新商品開発
新市場	新市場開拓	多角化

略を考えるときによく利用されるので、見たことがある方も多いでしょう。

アンゾフの成長マトリクスによれば経営戦略を、①既存商品を既存市場に販売する「**市場浸透**」、②新商品を既存市場に販売する「**新商品開発**」、③既存商品を新市場に販売する「**新市場開拓**」、④新商品を新市場に販売する「**多角化**」の四つに分類しています。

これらの経営戦略と商標使用の可否や商標登録の要否の再検討との関係性については後述の表４－４にまとめています。

ここで、第二章の栗ようかんを装いを新たに例に出します（図４－４）。ハウスマークとして「名泉堂」、ファミリーネームとして「季節の和菓子シリーズ」、ペットネームとして「おいしい栗ようかん」という商標を栗ようかん（既存商品）に使用してスーパーマーケット（既存市場）での販売を例に挙げ、経営戦略と商標使用の可否や商標登録の要否の再検討との関係性について考えてみます（表４－４）。

①**市場浸透**

市場浸透とは、既存商品を既存市場で販売することに注力するものです。すなわち、従来ながらの既存商品の栗ようかんを、既存市場であるスーパー

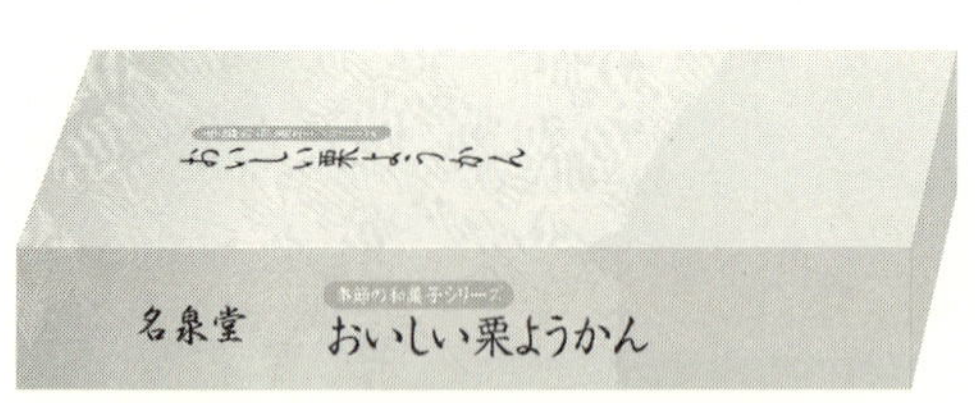

図 4-4　ようかんにおける商標の使用例

マーケットでの販売に強化していくという戦略がこれに当たります。

　この場合、ハウスマーク「名泉堂」やファミリーネーム「季節の和菓子シリーズ」、ペットネーム「おいしい栗ようかん」を指定商品「菓子」について、すでに使用しており、商標使用の可否、商標登録の要否の検討は済んでいると思うので新たに検討する必要はありません。

②新商品開発

新商品開発とは、既存市場に新商品を投入することです。すなわち、既存市場であるスーパーマーケットに新商品として桜餅やようかんのもとを投入するという戦略が、これに当たります。

　新商品として桜餅を投入しようとする場合は、指定商品「菓子」について使用しようと考えているペットネーム「おいしい桜餅」を、使用できるか否か、商標登録の要否を検討する必要があります。つまり、既存の指定商品について新しい商標の使用の可否や商標登録の要否を検討します。なお、ハウスマーク「名泉堂」やファミリーネーム「季節の和菓子シリーズ」については、その商標や指定商品・指定役務の内容に変更点はないので、商標使用の可否や商標登録の要否の検討をする必要はありません。

表 4-4　経営戦略と商標の使用可否および商標登録の要否の再検討についての関係

		市場浸透	新商品開発	新市場開拓	多角化
ハウスマーク	商標	―	―	―	―
	指定商品・指定役務	―	△	○	○
ファミリーネーム	商標	―	△	―	△
	指定商品・指定役務	―	△	―	△
ペットネーム	商標	―	○	―	○
	指定商品・指定役務	―	△	―	△

○: 検討の必要あり、△: 場合によっては検討の必要あり、―: 検討の必要なし。
経営戦略に応じて、商標の使用可否や商標登録の要否の再検討が必要になります。

　一方、新商品としてようかんのもとを投入しようとする場合は、指定商品「即席菓子のもと」について、使用しようと考えているペットネーム「おいしいようかんのもと」の使用の可否や、商標登録の要否を検討しなければなりません。つまり、新しい指定商品について、新しい商標を使用できるか否か、商標登録は必要か否かを検討する必要があります。

　このとき、新たにお菓子のもとのシリーズ名（ファミリーネーム）も使用するのであれば、そのシリーズ名（ファミリーネーム）を指定商品「即席菓子のもと」について、使用の可否や商標登録の要否を検討する必要があります。

　また、ハウスマーク（会社のロゴ）「名泉堂」に関しては、指定商品「即席菓子のもと」について商標使用の可否や、商標登録の要否の検討をする必要があります。検討が済んでいれば、問題ありません。

　したがって、新商品開発を採用した場合は、次の点に注意しましょう。まず、ハウスマークは新しい指定商品・指定役務について既存の商標の使用の可否や商標登録の要否を検討する必要が出てきます。

ファミリーネームは新しい指定商品・指定役務について新しい商標の使用の可否や商標登録の要否を検討する必要が出てきます。

ペットネームについては新しい商標の使用の可否や商標登録の要否を検討する必要があります。そして、その指定商品・指定役務は新しいもの（この例では「即席菓子のもと」）が必要な場合と、既存のまま（この例では「菓子」）で登録が不要の場合とがあります。

③新市場開拓

新市場開拓とは、これまでとは別の新市場に既存商品を投入するものです。例えば、自社のウェブサイトを利用した通信販売という新しい市場で、既存の商品である栗ようかんを販売するという戦略が、これに当たります。

ここの例であれば、既存のハウスマーク「名泉堂」を使って、インターネットを利用しお客様と直接やり取りする通信販売が考えられます。そのため小売におけるサービスの提供に関する指定役務について、そのハウスマーク「名泉堂」の使用の可否や商標登録の要否を検討する必要があります。

なお、ファミリーネーム「季節の和菓子シリーズ」やペットネーム「おいしい栗ようかん」については、その使用方法に変更はないので、新たな検討は必要ないでしょう。

したがって、新市場開拓の経営戦略を採用した場合には、ハウスマークは新しい指定商品・指定役務（この例では、小売におけるサービスの提供）について、既存商標の使用の可否や商標登録の要否を検討する必要があります。

ファミリーネームやペットネームについては、新たな検討は不要です。なお、新市場として外国を選択することもあります。この場合は日本国内で使用している商標について外国で既存の商標の使用の可否や商標登録の要否を検討します。このときはハウスマークだけでなく、ファミリーネームやペットネームについても商標の使用の可否や、商標登録の要否を検討しておく方がよいでしょう。

④多角化

多角化とは、新市場に新商品を投入するものです。すなわち、自社のウェブサイトを利用した通信販売という新しい市場で、新商品である桜餅やようかんのもとを販売するという戦略が、これに当たります。

多角化は、新商品開発と新市場開拓との両方の経営戦略の組み合わせになります。そこで多角化を採用する際に検討すべきことは、新商品開発と新市場開拓のそれぞれを採用した場合の検討内容を混合させたものです。

すなわち、ハウスマークは新しい指定商品・指定役務について既存商標の使用の可否や、商標登録の要否を検討する必要があります。

ファミリーネームは、新しい指定商品・指定役務について新しい商標の使用の可否や、商標登録の要否を検討する必要が出てきます。

ペットネームは新しい商標の使用の可否や、商標登録の要否を検討する必要があります。そして、そのときの検討対象となる指定商品・指定役務は、新しいものが必要な場合と、既存のままでよい場合とがあります。

ところで、多くの加工食品メーカーは、これまで既存商品を既存市場に販売する「市場浸透」と新商品を既存市場に販売する「新商品開発」という経営戦略に注力して、成長してきたことと思います。すなわち、「市場浸透」、「新商品開発」の二点での商標の検討については、経験も豊富で日頃より注意が払われていることでしょう。

一方で、インターネットを利用した通信販売という新市場を見据えた「新市場開拓」や「多角化」の経営戦略に向けた商標の検討は、経験が少なく一般的に見落としやすい傾向にあります。したがって、この二つの経営戦略を採る場合には、特に意識して商標の使用の可否や商標登録の要否を検討する必要があります。

なお、表4－4で示した経営戦略と商標の使用の可否および商標登録の要否の再検討についての関係は、今回の事例で想定できるものを例示しています。そのため、ここでは検討する必要がないとされていても、ビジネスの実情をふまえると検討が必要になってくる場合もあるかと思います。あらかじめご了承ください。

三．小売業・卸売業

(一) 取り扱っている商品が商標権を侵害したら、どうなるか？

小売業者や卸売業者は、当然ながら小売業や卸売業におけるサービスについて商標権を取得することが多いかと思います。また、プライベートブランドの商品を販売されている方は、これらの商標権を取得しているかもしれません。そういった点では、商標権に対する認識は、農林水産業者や加工食品メーカーと似ています。

一方で、小売業者や卸売業者がもっとも注力されているのは、農林水産業者や加工食品業者が生産した商品を安定してお客様に届けることではないでしょうか。すなわち、商品の欠品を出さないように様々な工夫をされているはずです。

ところで、農林水産業者や加工食品メーカーが他人の商標権を侵害すると、小売業者や卸売業者にどのような影響が発生するのでしょうか？　まず商標権の侵害が明らかになると、商標権者からその商標の使用を止めるように請求される可能性があります。そうすると、その農林水産業者や加工食品メーカーは、販売している商品を店頭からすべて回収して、商品のデザインを変更し直さなくてはいけません。商品デザインの変更作業は、時間がかかります。したがって、新しいデザインの商品が納品されるまで欠品状態となってしまい、小売業者や卸売業者は商品をお客様に届けたくても届けられなくなります。

このような事態を避けるために、小売業者や卸売業者の方は、日頃から取引先（農林水産業者や加工食品メーカー）に対して商標権を取得しておくように注意喚起することが必要でしょう。

小売業や卸売業の業界では、通常、新規に取り扱いを始める商品について前もって「商品カルテ」や「商品登録票」などと呼ばれる書類を取引先から提出してもらいます。これらの書類には取り扱い商品の原料や加工場所に関する情報などが記載されているはずです。

例えば、このような書類の中に商標権の取得状況も併せて記載してもらうのも一案です。そして、商標権を取得していない場合には、他人の商標権を侵害しないとする理由を記載してもらうといいでしょう。

小売業者や卸売業者からこのような働きかけがあれば、農林水産業者や加工食品メーカーとしても商標について注意を払うようになります。そうすれば、農林水産業者や加工食品メーカーが、他人の商標権を侵害することを未然に防止し、当然ながら商標権侵害により発生する欠品を防ぐこともできます。

生産者と消費者との間にいる小売業者や卸売業者からすれば、取り扱っている商品が商標権侵害により欠品するという事態は、もらい事故のようなものです。しかし、その可能性を事前に減らし欠品せずに安定した供給を行うことによってお客様からの信頼を得られれば、小売業者や卸売業者としてブランドを育てることにつながるはずです。

(二) 総菜や弁当

スーパーマーケットやコンビニエンスストアでは、調理済みの総菜や弁当などを販売しています。このような総菜や弁当などの名前には、例えば、「野菜コロッケ」や「唐揚げ弁当」といった、その商品の一般的な普通名称を使用している場合が多くみられます。この場合、特に商標権の取得を検討する必要はないでしょう。

一方で、これからの時代は少子高齢化が進み共働き家庭の増加などが予想されています。それに伴い一世帯あたりの自宅で食事をする人数も減少していくと思われます。材料を揃えて家庭で料理を作ると材料が余ってしまい、結果として割高になってしまうこともあるはずです。そうすると、家庭で料理を作るよりもでき合いの総菜や弁当を購入する方がよいと考える人が増えるかもしれません。すなわち、総菜や弁当のニーズが今まで以上に高まる可能性があります。

そして、このようなニーズの高まりに対応するために、店側としても、今まで以上に総菜や弁当の販売に力を入れるでしょう。すなわち、総菜や弁当での競争の激化が予想されます。

そのような状況の下で、総菜や弁当の名前にその商品の普通名称を使用していたのでは、他人との差別化ができません。ここまで本書を読み進んでくださった方であれば、すでに察しがついているかと思いますが、他人との差別化を図るためには商標を活用する必要があります。すなわち、商標には自他商品識別機能や出所表示機能という役割があるので、これらを利用して他人の総菜や弁当と自分のものとを差別化するのです。

これらの機能を発揮するためには、当然ですが、識別力のある商標を使用しなければなりません。つまり、「野菜コロッケ」や「唐揚げ弁当」などといった識別力のない普通名称ではなく、独自性のある商標を使用する必要があります。総菜や弁当の名前を「野菜コロッケ」や「唐揚げ弁当」とした場合でも、ファミリーネームに識別力のある商標を使うことで、差別化を図るという方法も考えられます。

なお、識別力のある商標を使用する場合には、他人の商標権を侵害していないことを確認する必要があります。また、必要に応じて商標登録もあわせて検討するとよいでしょう。

このように総菜や弁当など**将来的に競争の激化が予想される分野では、**

いち早く商標を使用していくことであなたのブランドを徐々に確立させておくとよいでしょう。やがて競争が激化したときにあなたのブランドがすでに確立されていれば、他人より一歩前に出ているわけです。

四．飲食業

(一) 店　名

総務省統計局の平成二六年経済センサス基礎調査結果によると、全国には六〇万件を超える飲食店が存在するそうです。この中にはチェーン店なども含まれているため、お店の名前の数としては六〇万件よりは下まわりますが、それでも相当な数のお店の名前が存在していることがわかります。

数多くある飲食店がそれぞれ違う名前を使用していれば問題ないのですが、飲食店の店名として人気がある名前には偏りがあります。例えば、花の名前などさわやかな印象を与えるものは、飲食店の店名として人気があるように感じます。つまり、そのような名前については、すでに他人が商標権を取得している可能性が高いです。すでに商標権が取得されている商標をあなたが勝手に使用して飲食店を開業すれば他人の商標権を侵害することになります。

しかし、人気のある名前だとは思えないから注意する必要はないということでもありません。先述の通り飲食店の数はとても多いので、あなたのお店と同じ名前をすでに商標登録している人がいるかもしれません。また、今はなくてもあなたのお店と同じ名前を今後商標登録する人が出てくる可能性もないとはいえません。したがって、人気がある名前だとは思えないとしても注意を払っておく必要があります。

ところが、個人事業主として飲食業を始めようとする場合などには、複数の店舗を経営するわけではないので、商標登録までする必要はないと考えるかもしれません。ここで、後々までを考える必要が出てきます。

例えば、飲食店をオープンすると、集客・宣伝のためにインターネット上にあなたのお店のウェブサイトも開設するでしょう。また、インターネットを使い飲食店を紹介するウェブサイトも複数あるので、あなたのお店がそこで紹介されるかもしれません。そうすると、あなたのお店の名前は誰でも知り得る状態になります。

このとき、もしあなたのお店の名前が他人の商標権を侵害するものであれば、商標権者はインターネットを通じてあなたのお店の存在に気付きます。そして、商標権者は商標権に基づいてお店の名前を変更するようあなたに要求してくるかもしれません。たとえ一店舗であっても飲食店を始めるのであれば、商標登録についても検討しておくことが重要です。

なお、飲食店の店名について商標登録をする際は、指定役務を第四三類「飲食物の提供」とします。

(二) メニュー名

飲食店を経営するうえで、提供する料理のメニューの名前を工夫することもあるかと思います。ここで問題になるのは、飲食店で提供される料理が商標法上の商品といえるのか、という点です。

つまり、飲食店の料理が商標法上の商品ということができれば、その料理を指定商品としてメニューの名前を商標登録することによって、そのメニュー名を保護できるからです。この点については、中納言事件という有名な裁判を参考に説明したいと思います。

商標法では「商品」の概念については特に定義していませんが、一般的に商標法上の商品とは「商取引の目的となる物、特に動産」と解釈されています。

ところで、商標は元来複数の出所からの商品の存在が予定される場において自己の商品を他から識別させるためのものです。商標法は、商標の有するこの自他商品等識別機能を保護することによって商標の使用をする者の業務上の信用の維持を図り、もって産業の発達に寄与しあわせて需要者の利益を保護することを目的とするもの（商標法第一条）です。したがって、商標法上の「商品」は本来的に流通性を有することを予定していると解釈すべきです。

一方、飲食店で提供される料理のうち、そこで食べられるものは、そのお店が出所であることは明白かと思います。そうすると、他人との識別を必要とする場が存在せず、商標法上の商品に求められる流通性を有していないといえます。したがって、**飲食店で提供される料理のうち、そのお店の中で食べられるものは商標法上の商品ということができない**（中納言事件：大阪地方裁判所　昭和五九年（ワ）五七〇三号）とするのが通説になっています。

しかし、飲食店で提供される料理であっても**テイクアウト可能なものは流通性があるので、商標法上の商品に該当する**という考え方が一般的です。

なお、これらの考え方は絶対的なものではありません。その料理のメニュー名が実際にどのように使われているかによって、商標上の商品に該当するか否かの判断は変わってきますので、一般論として理解してください。

さて、このことをふまえて、飲食店で提供される料理を①店内で飲食されるものと、②テイクアウトできるものとに分けて、それぞれのメニュー名をどのように保護するのかを説明します。

①店内で飲食される料理

ここでは店内で食べられる料理としてソーセージを提供する場合を例にどのように商標登録をするべきかを説明します。

上述の通り飲食店で提供される料理のうち、店内で飲食されるものは、商標法上の商品ではないとするのが通説なので、その料理（第二九類「ソーセージ」）を指定商品として、あえて商標登録する必要性は高いとはいえません。

しかし、今後の事業の展開によっては、お店で提供しているソーセージをお土産としてテイクアウトできるようにしたいと考えているのであれば、それらの料理は商品になり得ます。その場合は第二九類「ソーセージ」

を指定商品として、そのメニュー名について商標登録しておく必要があります。

あるいは、あなたの付けたソーセージの名前と同じ名前のソーセージを、他人がスーパーマーケットなどの小売店で流通できる商品として販売することも考えられます。このような行為を防ぐためには、上述の場合と同様に第二九類「ソーセージ」を指定商品として、そのメニュー名について商標登録しておく必要があります。ただし、この場合はソーセージを店内で食べられる料理として販売しているだけでは、その商標が指定商品「ソーセージ」に使用されていることにはなりません。すなわち不使用取消審判によって取消されるおそれがあるので、注意が必要です。

一方で、ソーセージに使用している名前と同じ名前の飲食店を他人が経営する可能性も考えられます。このような行為を防ぐためには、第四三類「飲食物の提供」を指定役務としてソーセージに使用している名前を商標登録しておくのがよいでしょう。ただし、この場合もソーセージに使用している名前をお店の名前としても使用していなければ、その商標が指定役務「飲食物の提供」について使用されていることにはなりません。すなわち不使用取消審判によって取消されるおそれがあるので、注意が必要です。

②テイクアウトできる料理

次にサンドイッチをテイクアウトできる料理として提供している場合を例に、どのように商標登録をするべきかを説明したいと思います。

すでに述べた通り飲食店で提供される料理のうち、テイクアウトできる料理は一般的に商標法上の商品として考えられています。そこでサンドイッチをテイクアウトできる料理として提供している場合は、第三〇類「サンドイッチ」を指定商品として、そのサンドイッチの商品名を商標登録するのがよいでしょう。そうしておけばテイクアウトしたり小売店で販売されるサンドイッチに対して、あなたの登録商標と同じ名前を他人が使用するのを防げます。

一方で、サンドイッチに使用している名前と同じ名前の飲食店を他人が経営する可能性も考えられます。このような行為を防ぐためには、第四三類「飲食物の提供」を指定役務としてサンドイッチに使用している名前を商標登録しておくのがよいでしょう。ただし、この場合も、お店の名前としてサンドイッチに使用している名前と同じものを使用していなければ、その商標が指定役務「飲食物の提供」について使用されていることにはなりません。そのため不使用取消審判によって取消されるおそれがあるので、注意が必要です。

（三） 商品化

サラダのドレッシングの味がよいと評判の飲食店では、そのドレッシングをボトルに詰めて小売用に商品化しているケースも見られます。また、人気のラーメン店では、そのラーメンの味を再現したカップラーメン（指定商品としては「カップ入りのラーメンスープ付きラーメンの麺」に該当）を商品化して販売することもあります。ここでは、飲食店が小売用に商品を販売する場合の留意点について考えてみます。

このときの考え方は、表４－３（一八七頁）で説明したのと同様の考え方をする必要があります。すなわち、飲食業者が飲食店で提供する料理以外にボトル入りのサラダ用ドレッシングや、カップラーメンという新商品を小売店などの新市場で販売する、というようにとらえるのです。つまり、これはアンゾフの成長マトリクスでいうところの「多角化」の経営戦略に当たります。

そのため「多角化」の経営戦略に合うように商標権を見直す必要があります。すなわち、飲食店の名前であるハウスマークを指定商品「サラダ用ドレッシング」や「カップ入りのラーメンスープ付きラーメンの麺」についても商標登録することを検討しなければなりません。また、サラダ用ドレッシングやカップラーメンにシリーズ名を使用するのであれば、そのシリーズ名であるファミリーネームを指定商品「サラダ用ドレッシング」や「カップ入りのラーメンスープ付きラーメンの麺」についても商標登録を検討しましょう。さらにいえば、サラダ用ドレッシングやカップラーメンの名前であるペットネームについても指定商品「サラダ用ドレッシング」や「カップ入りのラーメンスープ付きラーメンの麺」についての商標登録も検討する必要があります。

飲食店の経営というビジネス活動を行う中で、小売のための商品開発といった新しいことに挑戦する機会もあるかもしれません。そのような場合には商標権の権利範囲がそのままでよいのか、何か見直す必要がないのか、と考える必要が出てくるので注意しましょう。

まとめ

食品関連産業に含まれる業種を①農林水産業、②加工食品製造業、③小売業や卸売業、④飲食業に区分して特に注意すべき事項について説明をしました。その内容をまとめます。

①農林水産業

・商標を使用してブランドを育てるには担保が必要となるが、品質を担保する方法は様々ある。
・農林水産物の地域ブランドを保護するうえで地域団体商標制度や地理的表示制度を利用するのも便利。
・農林水産物の６次産業化を目指す場合は、指定商品・指定役務について十分検討する。

②加工食品製造業（加工食品メーカー）

・商品の容器などのデザインには、商標として機能しているフレーズが存在するため要注意。
・企業間のコラボレーションの際は、指定商品・指定役務について再確認する。
・食品表示基準で定められている、一括表示内での登録商標の使用は避ける。
・経営戦略が変わると必要となる商標権も変わる。新規事業では商標登録を見直す。

③小売業・卸売業

・小売業者、卸売業者の取扱商品が他人の商標権を侵害していると、商品の欠品が生じる。取引先に対して日頃から他人の商標権を侵害していないか、注意喚起する。
・総菜や弁当は今後、他社との競争激化が予想される。今のうちから商標権を利用してブランドを育てていくのが有効。

④飲食業

・飲食店の名前は他人の商標権を侵害しないように商標登録をする。
・飲食店で提供する料理のメニュー名は、料理の提供の仕方で保護する方法が変わる。
・飲食店で提供する料理を小売用に商品化する場合は商標登録を検討する。

あとがき

ブランドを育てていくためには、マーケティングの視点に加えて、商標法の知識が欠かせません。しかし、ブランドを育てるというと、どうしてもマーケティングの話題ばかりに注目が集まってしまう傾向があります。本当はブランドを育てるときに商標法のことも知っておいて欲しいのですが……。

そのような状況に一石を投じるつもりで、本書には『強い！ブランドの育て方』というやや大袈裟なタイトルを付け、商標法の視点からブランドを育てるのに必要なことをまとめました。

実際のところ、商標法の法律そのものを解説する専門書はたくさんあるのですが、その商標法を企業などの実務の中でどのように使っていくのかがまとめられた入門書は、ほとんどありません。そこで、本書では商標実務の視点から商標法をとらえた「商標実務のフロー」に基づいて、フロー中の各段階で商標法をどのように使っていくのか、手順や考え方をまとめました。これによって実務においてどのようなときに、どのような考え方をすればよいのかということをお伝えできたなら幸いです。

また、本書では食品関連産業（農林水産業、加工食品製造業（加工食品メーカー）、小売業・卸売業、飲食業）を対象として話題を取り上げてきました。当然ですが、商標法は食品関連産業のみならず、すべての産業が対象となっているので、食品関連産業以外の産業に本書を適用することも可能です。ただし、その場合は、その産業に特有の事情を考慮されることをお勧めします。

ところで、われわれ弁理士の間では「商標は入りやすくて、奥が深い」といわれています。これは、商標は初心者であっても馴染みやすいものではあるけれど、突き詰めて考えていくと難しい問題もある、ということを意味する言葉です。本書では、商標の入口部分の話題を取り上げました。実務に取り組む中では、この入口部分の話題だけでは解決できない問題もあるかもしれません。そのときは商標法の専門書を読んだり、商標の専門家である弁理士に相談するなどしてください。

末筆ながら、本書を読んでくださった皆様のブランドが大きく育ち、世の中に羽ばたいていくことを心より願っています。

二〇一八年五月　　弁理士　名倉洋輔

参考文献

ＬＥＣ弁理士試験　短答アドバンステキスト商標法編［書籍］：㈱東京リーガルマインド，二〇〇九
工業所有権法（産業財産権法）逐条解説［書籍］：特許庁編，社団法人発明推進協会，二〇〇八
知的財産管理技能検定3級　テキスト［書籍］：知的財産教育協会編，㈱アップロード，二〇〇八
知的財産管理技能検定2級　テキスト②［書籍］：知的財産教育協会編，㈱アップロード，二〇〇八
知的財産管理技能検定2級　テキスト③［書籍］：知的財産教育協会編，㈱アップロード，二〇〇八
知的財産権とデザインの教科書［書籍］：龍村全・渡邉知子編，日経デザイン，二〇〇九
商標審査基準　改訂第13版　特許庁
類似商品役務審査基準　国際分類第11－2017版　特許庁
2025年日本の農業ビジネス［書籍］：21世紀政策研究所編，講談社現代新書，二〇一七
特許庁ウェブサイト　地域団体商標制度の紹介
https://www.jpo.go.jp/torikumi/t_torikumi/pdf/t_dantai_syouhyou/seido_01syokai.pdf
農林水産省ウェブサイト　地理的表示（GI）保護制度
http://www.maff.go.jp/j/shokusan/gi_act/index.html
食品表示基準　平成27年内閣府令第10号
消費者庁　早わかり食品表示ガイド（平成28年6月版・事業者向け）
総務省統計局　平成26年経済センサス基礎調査結果

名倉洋輔（なぐら　ようすけ）

1976年生まれ。静岡県浜松市出身。弁理士。

東北大学大学院農学研究科博士課程前期修了。

はごろもフーズ株式会社にて食品の製造、販売の現場を経て研究開発に従事。様々な新規事業の立ち上げに携わる。弁理士登録後は、知的財産に関する業務（主に商標）を兼務。

現在は、岡田伸一郎特許事務所に勤務。農林水産物のブランド化に携わっている。

強い！ブランドの育て方
商標を制するものは食品業界を制す

名倉洋輔 著

2018年6月25日　初版1刷発行

発行者　片岡　一成
印刷・製本　株式会社ディグ
発行所　株式会社恒星社厚生閣
〒160-0008　東京都新宿区三栄町8
TEL　03(3359)7371(代)　FAX　03(3359)7375
http://www.kouseisha.com/

ISBN978-4-7699-1620-8 C0063

（定価はカバーに表示）